DIANQI DAOZHA CAOZUO
BIAOZHUNHUA ZUOYE

# 电气倒闸操作
# 标准化作业

本书编委会　组编

中国电力出版社
CHINA ELECTRIC POWER PRESS

## 内容提要

如何规范倒闸操作、防止误操作，保证人身和设备安全已成为各级电力企业高度重视的问题。本书从倒闸操作的作业条件、行为、步骤、流程等方面着手，总结出了“六要、七禁、八步”的倒闸操作规范精髓。通过“倒闸操作执行规范”“设备倒闸操作行为规范”“倒闸操作票填写规范”和“防误装置解锁规范”，在每个作业环节上对作业人员进行指导，提示作业人员按规范的行为和方法进行标准化倒闸操作。

本书贴合现场实际、可操作性强，具有较强的指导意义。随书附赠一光盘，采用实景镜头语言诠释了倒闸操作的全过程。相关章节还配有二维码，通过手机微信扫码即可在线浏览教学视频，方便读者随时随地学习。

本书可作为变电站运行值班员标准化倒闸操作作业规范和培训教材，也可供从事电气运行工作的人员自学或组织视频学习。

**图书在版编目（CIP）数据**

电气倒闸操作标准化作业 /《电气倒闸操作标准化作业》编委会组编. —北京：中国电力出版社，2018.5

ISBN 978-7-5198-1761-9

Ⅰ.①电… Ⅱ.①电… Ⅲ.①变电所－电气设备－倒闸操作－标准化 Ⅳ.①TM63-65

中国版本图书馆 CIP 数据核字（2018）第 034749 号

---

出版发行：中国电力出版社
地　　址：北京市东城区北京站西街 19 号（邮政编码 100005）
网　　址：http://www.cepp.sgcc.com.cn
责任编辑：崔素媛（cuisuyuan@gmail.com）
责任校对：闫秀英
装帧设计：赵姗姗
责任印制：杨晓东

---

印　刷：北京博图彩色印刷有限公司
版　次：2018 年 5 月第一版
印　次：2018 年 5 月北京第一次印刷
开　本：880 毫米 ×1230 毫米 32 开本
印　张：4
字　数：83 千字
印　数：0001—4000 册
定　价：45.00 元（含 1DVD）

---

# 本书编委会


编委会主任　乐全明　陶鸿飞

副　主　任　沈　祥　魏伟明

主　　　编　姚建立　丁　梁

副　主　编　茹惠东　连亦芳

参　　　编　（编委姓氏笔画排名，不分先后）

刘　学　任　佳　陈魁荣　杨才明

金　路　胡雪平　姚建生　徐　超

钱旭东　章赞武

# 前 言

安全是电力系统一切工作的基础。确保电网安全、稳定运行和电气操作人员的人身安全，是电力部门重大的社会和政治责任，是电力部门安全工作的出发点和落脚点，也是建设现代供电企业的客观要求。

变电运行是电力系统的重要组成部分，电气设备倒闸操作是变电运行一项基本而重要的工作，规范电气设备倒闸操作行为，养成良好的操作习惯，是实现安全生产“可控、在控、能控”和确保电网安全运行的坚实基础。

为提高电气设备倒闸操作的规范性，有效防止电气误操作事故的发生，我们根据国家电网公司《变电站管理规范》及《国家电网公司电力安全工作规程（变电部分）》的基本要求，编写了本书。本书共分八个章节，根据规范要求，提炼形成电气设备倒闸操作“六要、七禁、八步”，明确了倒闸操作执行规范、典型设备倒闸操作规范、操作票填写规范和防误装置解锁规范。

本书内容贴近现场实际，实用性强，具有较高的学习价值。全书采用彩色印刷，相关章节配有二维码，通过手机微信扫码即可在线浏览教学视频，方便读者随时随地学习。此外，本书附赠一张 DVD 光盘，采用实景镜头方式，生动、具体地展示了倒闸操作和防误解锁的全过程。

限于编者水平，加之时间仓促，书中难免存在错误和不足之处，恳请广大读者批评指正。

# 目 录

# 一、倒闸操作基本概念

电气设备一般具有运行、热备用、冷备用和检修四种状态。

## 1 运行状态

指该设备的断路器（或开关，以下统称开关）、隔离开关（或闸刀，以下统称闸刀）都在合上位置，将电源端至受电端的电路接通；所有的继电保护及自动装置均在投入位置（调度有要求的除外）控制及操作回路正常。

运行状态

## 2 热备用状态

指该设备只有开关断开，而闸刀仍在合上位置，其他与运行状态相同。

热备用状态

## 3 冷备用状态

指该设备的各侧开关及闸刀都在断开位置（手车开关拉至“试验”位置），包括取下线路压变、所变低压熔断器（以下统称熔丝），并拉开其高压侧闸刀，取下本保护装置跳（合）其他开关的压板（或切换片、软压板，以下统称压板），以及其他保护装置（如母差保护、失灵保护等）跳（合）本开关的压板。

当线路压变闸刀连接有避雷器，线路改冷备用时，该线路压变闸刀不拉开，仅取下其低压熔丝；只有当线路改检修状态时，才拉开线路压变闸刀。

冷备用状态

## 4 检修状态

指该设备的各侧开关、闸刀均断开，挂上接地线或合上接地闸刀（或装置，以下统称接地闸刀），已悬挂安全标示牌和装设临时遮栏。

根据不同的设备分为开关检修、线路检修、主变压器检修等。

（1）**开关检修：**是指该开关及其两侧闸刀均拉开（手车开关

检修状态

拉出柜门，并将柜门上锁），取下本保护装置跳（合）其他开关的压板，以及其他保护装置（如母差保护、失灵保护等）跳（合）本开关的压板，开关操作回路熔丝取下，在开关两侧（或一侧）

开关检修

合上接地闸刀或挂上接地线，开关的母差、纵差电流回路脱离母差、纵差回路。

说明：对于采用合并单元的智能变电站，当开关在冷备用状态，若电流回路（包括合并单元）有工作，建议将母差、纵差电流回路脱离母差、纵差回路，即将保护中涉及该电流回路的 SV 接收软压板退出。

**（2）线路检修：**是指该线路的开关、母线及线路闸刀、旁路闸刀都在断开位置（手车开关拉至试验位置），线路上压变、所变在冷备用，取下本保护装置跳（合）其他开关的压板，以及其他保护装置（如母差保护、失灵保护等）跳（合）本开关的压板，合上线路接地闸刀或挂上接地线，并挂好标示牌。

线路检修

**（3）主变压器（以下简称主变）检修：**是指该主变各侧开关、闸刀都在断开位置，取下本保护装置跳（合）其他开关的压板，以及其他保护装置（如母差保护、失灵保护等）跳（合）本开关的压板，在主变各侧（一侧或二侧）合上接地闸刀或挂上接地线，断开变压器冷却电源。当主变改检修，但主变与其开关间未装设变压器闸刀的，此状态仍称主变检修。

电气设备因由一种状态转换到另一种状态或改变电网的运行方式时而需要进行的一系列操作，称作电气设备倒闸操作。

主变压器检修

# 二、倒闸操作基本条件

倒闸操作基本条件，简称“六要”，它对操作人员、现场电气设备、一次系统模拟图、现场运行规程和典型操作票、操作指令和倒闸操作票、操作工具和安全工器具六个方面做了详细规定。

## 第一要 要有考试合格并经批准公布的操作人员名单

（1）操作人和监护人应经培训考试合格，内容应包括《国家电网公司电力安全工作规程（变电部分）》（以下简称《安规》）、调度规程、现场运行规程、操作技能知识、操作管理规定等。

《安规》考试

（2）操作人员是指经上级部门批准并公布的值长（含副值长，下同）、正值和副值。

（3）两人进行监护操作时，由其中一人对设备较为熟悉者担任监护人，副值不得担任操作监护人。

（4）特别重要和复杂的倒闸操作宜由正值操作，值长监护。

（5）跟班实习运维值班人员（指经过相关规程制度学习和现场见习后，已具备一定运维值班素质的新员工）经上级部门批准后，允许在操作人、监护人双重监护下进行简单的操作。

监护下操作

## 第二要 要有明显的设备现场标志和相别色标

（1）所有电气设备（包括端子箱、机构箱、操作箱、汇控柜、智能组件柜等）均必须有规范、醒目的命名标志。

规范、醒目的命名标志

（2）一次设备要有管辖调度命名的设备名称和编号，并应有相别色标，闸刀操作部件上应有转动方向，接地闸刀机械操作杆上应有黑色标志。

设备名称、编号、相别色标

闸刀转动方向

接地闸刀机械操作杆

（3）二次设备要有对应的设备名称，二次转换开关、电流切换端子、切换片、软压板等还应有切换位置指示。

二次设备

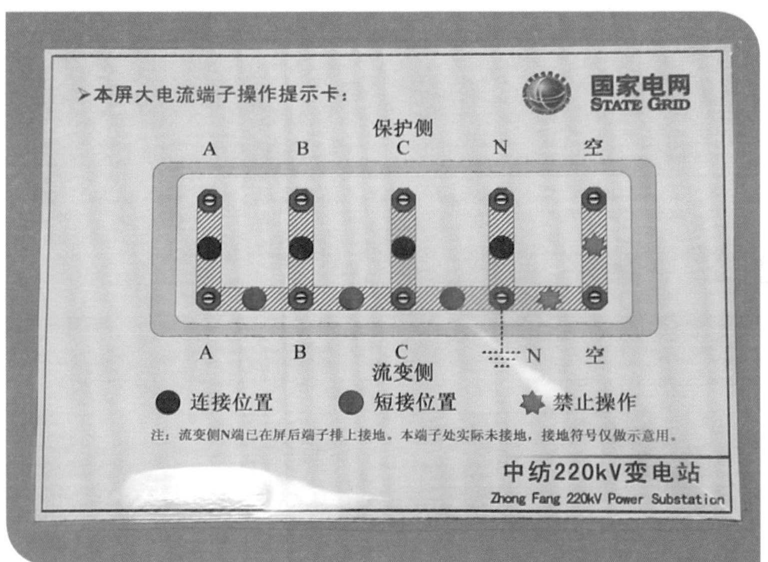


电流切换端子切换位置指示

（4）需要操作的一、二次设备命名应与现场运行规程、典型操作票内的命名相一致。

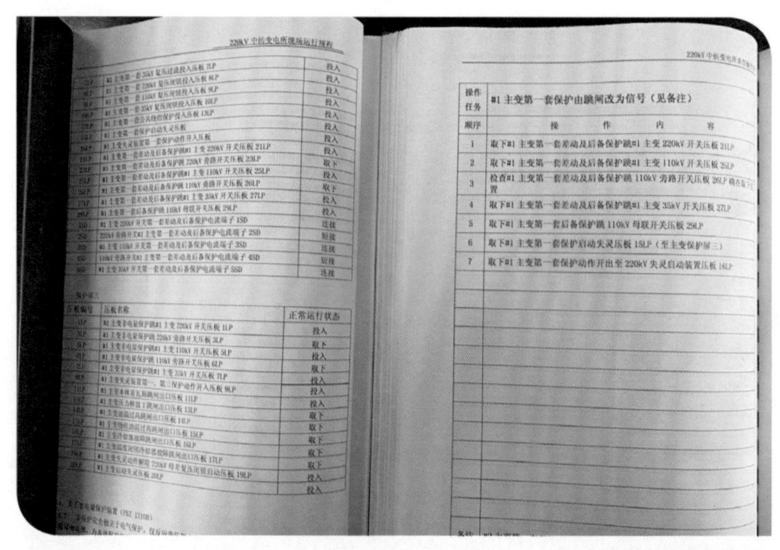


现场运行规程和典票

（5）同一屏上有一个或两个单元（回路），应在屏上和各单元（回路）处直接标明该单元（回路）名称；同一屏上有两个以上单元（回路），应在屏前、屏后标明屏的通称，在各单元（回路）处标明该单元（回路）的具体名称。

同一屏柜上的测控装置

（6）控制开关（KK）旁应有完整的开关命名，回路（间隔）命名不能替代开关命名。

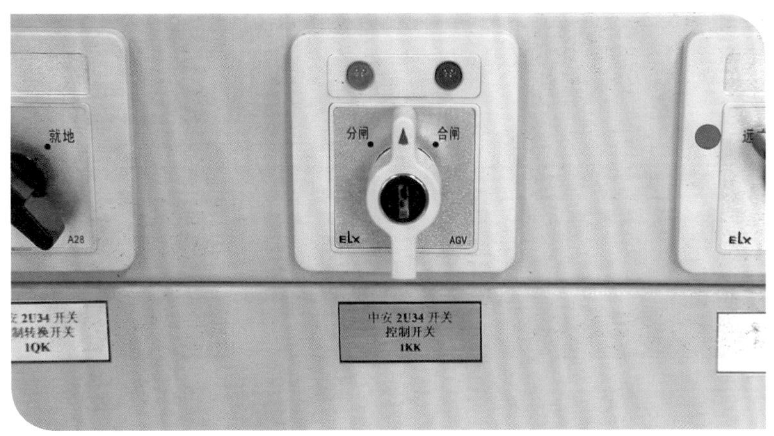


控制开关

（7）多单元（回路）电磁型控制、保护屏后应有明显分隔线并标明该单元（回路）的名称。

屏后测控装置

（8）控制、保护屏后每一单元（回路）的端子排上方，应标明该单元（回路）的名称。

端子排上方回路单元名称

## 第三要　要有正确的一次系统模拟图

（1）变电站控制室应具有与现场设备和运行方式相符的一次系统模拟图板（或电子接线图），该接线图应具有模拟操作功能和显示标示牌功能，并与实际一次设备相符。

一次系统模拟图

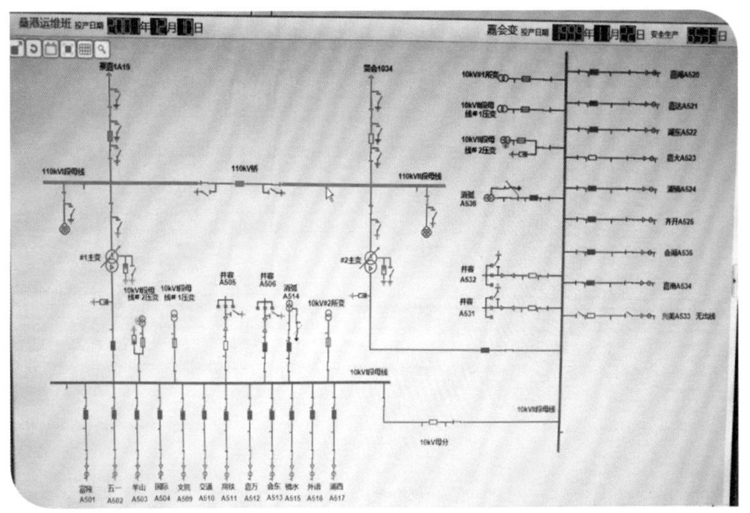

电子接线图

（2）变电运维班（或集控站、操作站，下同）应具有与管辖变电站现场设备和运行方式相符的一次系统模拟图。

（3）一次系统模拟图板上应标明设备间隔的名称和编号，能确切标明设备实际状态，能标明接地线的装设位置和编号。

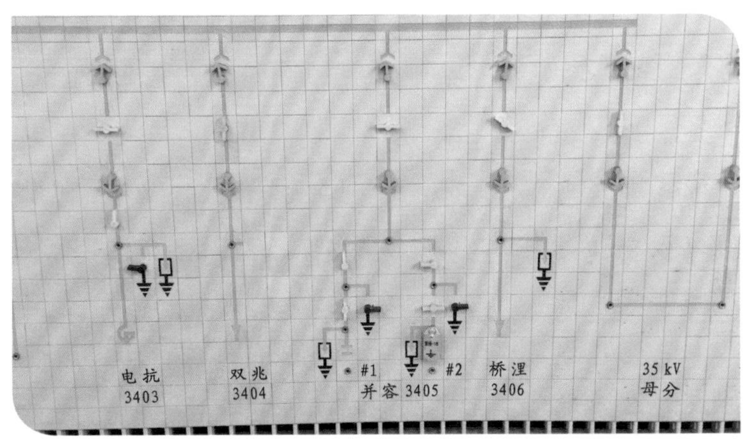


模拟图上接地线装设位置和编号

（4）现场未接入系统的设备或现场未安装的备用间隔，在一次系统模拟图上不应接入。

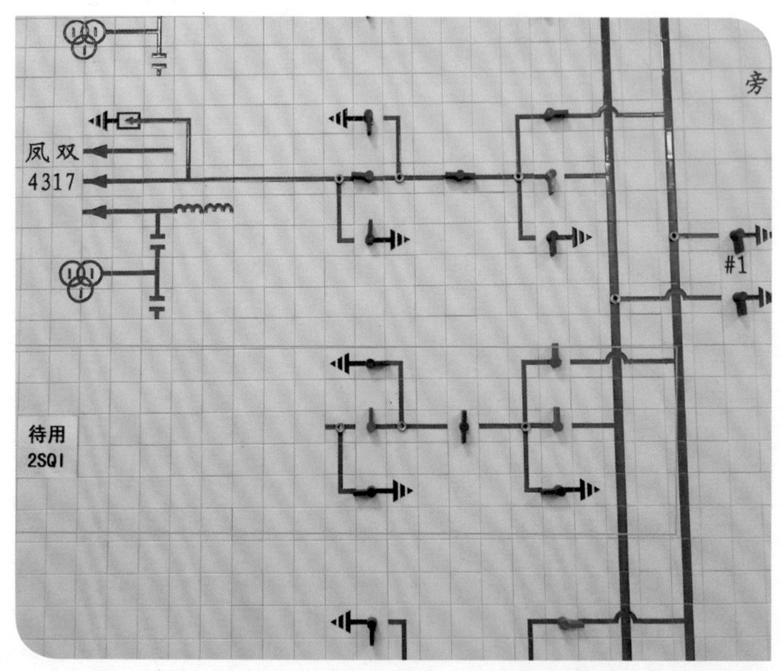


模拟图上现场未接入间隔

## 第四要 要有经批准的现场运行规程和典型操作票

（1）变电站应制订《变电站现场运行规程》和《变电站典型操作票》，其内容必须与现场设备相符，并经上级审核批准。变电站现场应具有本站书面的现场运行规程和典型操作票。

（2）变电运维班应制订《变电运维班运行规程》，其内容必须与现场设备相符，并经上级审核批准。

（3）变电运维班现场应具有书面的《变电运维班运行规程》

和书面所辖变电站的现场运行规程、典型操作票。

变电站现场运行规程和典型操作票

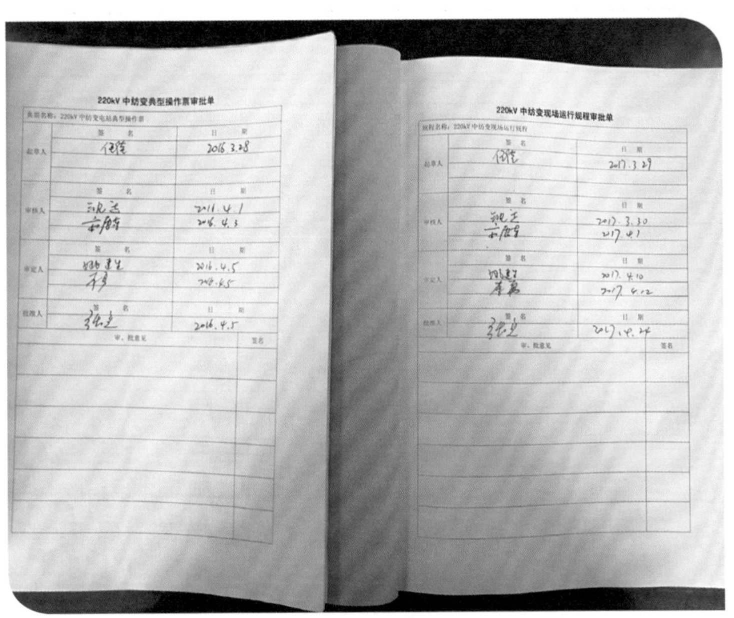


变电站现场运行规程和典型操作票审批单

## 第五要 要有确切的操作指令和合格的倒闸操作票

（1）调度操作指令（或操作许可，下同）应符合现场设备状态，多个指令应符合顺序要求，下发正令时应有发令时间。接受调度指令、向调度汇报时，应使用统一、确切的调度术语和操作术语，并使用普通话。

（2）变电站自行调度的设备操作，必须由运维负责人发令，并填写操作票。

操 作 指 令 票

绍兴地调电力调度控制中心

类型：计划复役票　　编号：20170910008　　申请书号：绍兴地调201709089

工作内容：桑港变：港斗1140线、桑洋1148线复役　　拟票日期：2017-09-10 09:08

拟票人：周益，任一苇　　执行日期：2017-09-13 18:00

| 序号 | 受令单位 | 操作内容 | 备注 |
| --- | --- | --- | --- |
| 1 | 桑港变 | 告其：桑洋1148线、港斗1140线相关工作结束，可复役。现桑洋1148线、港斗1140线冷备用状态（绍兴地调201709089） | |
| 2 | 绍兴监控 | 与其联系后 | |
| 3 | 桑港变 | 港斗1140线由冷备用改为副母热备用 | |
| 4 | 桑港变 | 桑洋1148线由冷备用改为副母热备用 | |
| 5 | 绍兴监控 | 桑港变：港斗1140线由副母热备用改为副母运行（遥控） | |
| 6 | 绍兴监控 | 桑港变：桑洋1148线由副母热备用改为副母运行（遥控） | |
| 7 | 斗门变 | 视电压差允许 | |
| 8 | 斗门变 | 110kV桥开关过流解列保护由信号改为跳闸 | |
| 9 | 斗门变 | 港斗1140线由热备用改为运行（合环） | |
| 10 | 斗门变 | 检查各侧潮流变化情况 | |
| 11 | 斗门变 | 齐斗1029线由运行改为热备用（解环） | |
| 12 | 斗门变 | 110kV桥开关过流解列保护由跳闸改为信号 | |
| 13 | 斗门变 | 110kV备用电源自动投入装置由信号改为跳闸 | |
| 14 | 洋江变 | 110kV备用电源自动投入装置由信号改为跳闸 | |
| 15 | 绍兴配调 | 告当值：洋江变、斗门变110kV单线运行期间防全停组织管理措施可取消。 | |

审核人：陈建国，张少杰，任一苇，姚皇甫，金鑫，赵柏根，陈楠，范强，陈建峰，周益

预令人：赵柏根　　预令时间：2017-09-11 16:40

受预令地点及人员：斗门变：郑超　桑港变：郑超　绍兴监控：舒尧萍　绍兴配调：赵敏　洋江变：郑超

u 1-

调度操作指令

（3）操作前应正确填写操作票。事故紧急处理时可不填写操作票，宜使用典型操作票或经批准的事故紧急处理操作卡，在操作完成后应做好记录，事故紧急处理应保存原始记录。事故应急

处理的复役操作应根据调度操作指令填写操作票。

事故处理

## 变电所倒闸操作票

单位 中纺变　　　　编号 ____________

| 发令人： | | 受令人： | | 发令时间： | 年　月　日　时　分 |
|---|---|---|---|---|---|
| 操作开始时间：年　月　日　时　分 | | | | 操作结束时间：年　月　日　时　分 | |
| （　）监护下操作　　（　）单人操作　　（　）检修人员操作 | | | | | |
| 操作任务：中纺变：兰纺2455线由正母热备用改为线路检修 | | | | | |

| 顺序 | 操　作　项　目 | √ |
|---|---|---|
| 1 | 将兰纺2455测控装置控制转换开关1QK由“远方”切至“就地”位置 | |
| 2 | 检查兰纺2455开关确在分闸位置（各相电流均在2A及以下，遥信分位，机械指示分位） | |
| 3 | 检查兰纺2455旁路闸刀确在拉开位置 | |
| 4 | 合上兰纺2455线路闸刀操作电源小闸刀DK | |
| 5 | 拉开兰纺2455线路闸刀，并检查确已拉开 | |
| 6 | 拉开兰纺2455线路闸刀操作电源小闸刀DK | |
| 7 | 检查兰纺2455副母闸刀确在拉开位置 | |
| 8 | 合上兰纺2455正母闸刀操作电源小闸刀DK | |
| 9 | 拉开兰纺2455正母闸刀，并检查确已拉开 | |
| 10 | 拉开兰纺2455正母闸刀操作电源小闸刀DK | |
| 11 | 拉开兰纺2455线路压变低压空气开关ZKK | |
| 12 | 在兰纺2455线路闸刀线路侧验明确无电压 | |
| 13 | 合上兰纺2455线路接地闸刀，并检查确已合上 | |
| 14 | 取下220kV母差跳兰纺2455开关压板LP18 | |
| 15 | 取下兰纺2455开关失灵启动压板LP58 | |
| | | |
| | | |
| | | |
| | | |
| | | |

备注：兰纺2455线路单相永久性或相间故障

拟票人：　　　　审票人：
操作人：　　　　监护人：　　　　值班负责人（值长）：

编号是CP+年月日+顺序号，例如CP20110705001

1

（4）操作票原则上由副值或操作人填写，经正值、值长审核合格，并分别签名。拟票人和审票人不得为同一人。

№ 02060

变电所倒闸操作票

单位：运维检修部（检修分公司）　　编号：裕民变-2017-10-0001

| 发令人：[illegible] | 受令人：[illegible] | 发令时间：2017年10月14日17时51分 |
|---|---|---|
| 操作开始时间：2017年10月14日17时54分 | | 操作结束时间：2017年10月14日18时4分 |

（ √ ）监护下操作　（　　）单人操作　（　　）检修人员操作

裕民变：裕东B165线由线路检修改为运行

| 顺序 | 操 作 项 目 | √ |
|---|---|---|
| 1 | 拉开裕东B165线路接地闸刀 | √ |
| 2 | 检查裕东B165线路接地闸刀确在拉开位置 | √ |
| 3 | 检查裕东B165开关确在分闸位置（各相电流均在2A及以下，遥信分位，绿灯亮、红灯灭，机械指示分位） | √ |
| 4 | 将裕东B165开关手车摇至热备用位置，并检查定位良好 | √ |
| 5 | 检查裕东B165各保护均按要求投入 | √ |
| 6 | 将裕东B165开关控制转换开关QK由“就地”切至“远方”位置 | √ |
| 7 | 合上裕东B165开关(双编码：裕东B165开关) | √ |
| 8 | 检查裕东B165开关确在合闸位置（遥测正确，遥信合位，红灯亮、绿灯灭，机械指示合位） | √ |
| | 已执行 | |

备注：

PD20171013028.0

拟票人：[illegible]　　审票人：[illegible]

操作人：[illegible]　　监护人：[illegible]　　值班负责人：

第 1 页　　共 1 页

已执行操作票

（5）跟班实习运维值班人员经上级部门批准后，允许在拟票人的指导下填写操作票并签名。

跟班实习人员填写操作票

（6）同一变电站的操作票应事先连续编号，计算机生成的操作票应在正式出票前连续编号，操作票按编号顺序使用。每个变电站或变电运维班在一个年度内不得使用相同编号的操作票。

同一变电站的操作票应事先连续编号

（7）经计算机打印后的操作票，不论是否执行，均应保存；发令人、接令人、发令时间、操作时间、人员签名不得用计算机打印，应手工填写。

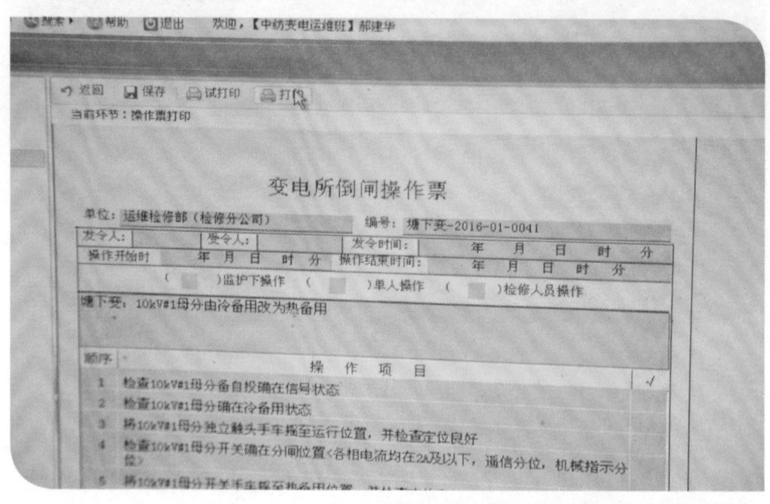


计算机生成的操作票应在正式出票前连续编号

№ 01688

变电所倒闸操作票

单位：运维检修部（检修分公司）　　　　编号：柯岩变-2017-07-0008

| 发令人： | | 受令人： | | 发令时间： | |
|---|---|---|---|---|---|
| 操作开始时间： | | | 操作结束时间： | | |
| （　　）监护下操作 | | （　　）单人操作 | | （　　）检修人员操作 | |

柯岩变：110kV母联由运行改为热备用（解环）

作废

| 顺序 | 操　作　项　目 | √ |
|---|---|---|
| 1 | 检查#1主变110kV开关三相电流正常（A：　A，B：　A，C：　A） | |
| 2 | 检查藤柯1530开关三相电流正常（A：　A，B：　A，C：　A） | |
| 3 | 拉开110kV母联开关（遥控编号：110kV母联开关） | |
| 4 | 检查110kV母联开关确在分闸位置（各相电流均在2A及以下，遥信分位，机械指示分位） | |
| 5 | 放上（110kV母差保护屏上）110kV母联开关检修压板LP76 | |

备注：

[illegible]

拟票人：[illegible]　　审票人：[illegible]

操作人：　　监护人：　　值班负责人：[illegible]

第 1 页　　共 1 页

作废操作票

（8）直接使用的操作卡应经单位主管领导批准，并有相应管理制度。

220kV 中纺变电所“一事一卡一流程”审批单

| | 签名 | 日期 |
|---|---|---|
| 编制人 | [illegible] | 2017.5.10 |
| | 签名 | 日期 |
| 审核人 | [illegible] | 2017.5.12 |
| | 签名 | 日期 |
| 批准人 | [illegible] | 2017.5.13 |

| 审、批意见 | 签名 |
|---|---|
| | |
| | |
| | |
| | |
| | |
| | |

“一事一卡一流程”审批单

## 第六要 要有合格的操作工具和安全工器具

（1）变电站应按规定配置验电器、绝缘棒、绝缘靴、绝缘手套、接地线、梯子等安全工器具，并定期试验合格，使用前应检查完好。

梯子

接地线

验电器

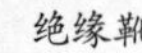

绝缘靴

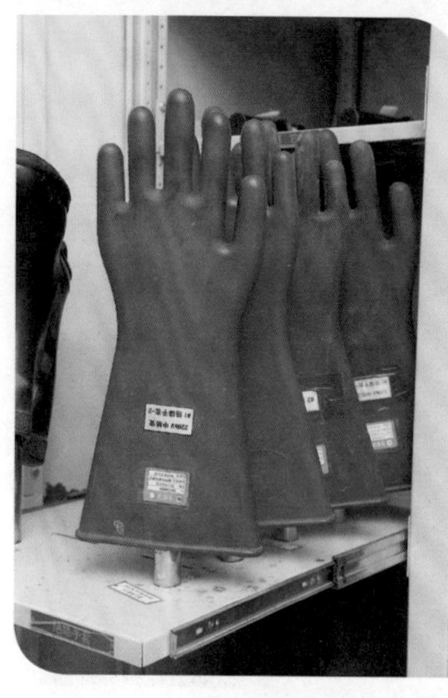

绝缘手套

绝缘棒

（2）变电站应配置操作杆、扳手、电压表等操作工具，使用前应检查完好，适宜于操作。

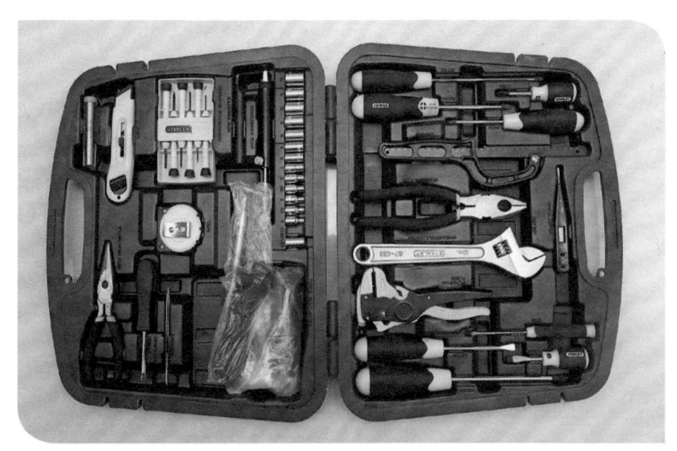

操作工具

（3）接地线数量应满足操作需求，规格符合现场要求。同一变电站、变电运维班内接地线的编号应保持唯一性，从外面借入的接地线应视同本站的接地线进行定置管理，统一编号，不得重复。接地线应在固定地点对号放置。

接地线应在固定地点对号放置

（4）变电站内工作，外部人员严禁将任何形式的接地线（包括个人保安线）带入变电站内。

外部人员严禁将任何形式的接地线带入变电站内

（5）变电站应具有完善的防误闭锁装置，对不具备防误闭锁功能的点应按《安规》要求加挂机械锁。

按要求加挂的机械锁

（6）变电站现场装设接地线的接地端应事先明确设定，具有可靠的防误闭锁功能。对于无法实现闭锁功能的接地端，应在接地端上打孔并加挂机械锁，其钥匙由运维值班人员负责管理。

接地端和机械锁

# 三、倒闸操作禁止事项

倒闸操作禁止事项，简称“七禁”，对操作人员、操作指令、倒闸操作票、执行操作票、监护措施、操作中断及操作解锁七个方面作了详细规定。

## 第一禁 严禁无资质人员操作

（1）非经上级部门批准公布允许操作的人员不得进行倒闸操作。

（2）因故脱离运行岗位连续三个月以上者，未经重新考试合格，不得进行倒闸操作。

↑ 严禁无资质人员操作

## 第二禁 严禁无操作指令操作

（1）无值班调控人员的操作指令，不得擅自对调度管辖设备进行倒闸操作。

（2）无运维负责人的操作指令，不得擅自对变电站自行调度设备进行倒闸操作。

（3）事故紧急处理可按调度规程和现场运行规程的规定执行。

严禁无操作指令操作

## 第三禁 严禁无操作票操作

（1）严禁正常操作时不使用操作票进行倒闸操作。

（2）拉合开关的单一操作可不使用操作票，但应做好记录。

（3）事故紧急处理可不使用操作票，宜使用典型操作票或事故紧急处理操作卡并逐项打勾。

（4）程序操作可不使用操作票，操作完成后应做好记录。

严禁无操作票操作

## 第四禁 严禁不按操作票操作

（1）严禁不按操作票步骤进行跳项、漏项和添项操作。

严禁不按操作票操作

（2）严禁不按每操作一步打一个勾的原则进行操作。

（3）操作过程中发生疑问时，应立即停止操作并向发令人报告，不准擅自更改操作票。

（4）操作过程中因故终止操作，应在操作票相应栏目盖章并在［备注］栏内说明终止原因。

## 第五禁 严禁失去监护操作

（1）严禁监护操作时失去监护进行倒闸操作。

（2）单人操作应按《安规》规定执行。

严禁失去监护操作

## 第六禁 严禁随意中断操作

（1）严禁在操作过程中随意中断操作，从事与操作无关的事。

（2）因故中断操作后，继续操作前必须重新核对本步的设备命名（位置）并唱票、复诵无误后，方可继续进行。

严禁随意中断操作

## 第七禁 严禁随意解锁操作

（1）严禁未经批准解除防误闭锁装置进行操作，单人操作严禁解锁。

（2）操作过程中发生疑问时，应立即停止操作并向发令人报告，不准擅自解除防误闭锁装置进行操作。

（3）若遇特殊情况需解锁操作，应经运维管理部门防误操作装置专责人或运维管理部门指定并经书面公布的人员到现场核实无误并签字后，由运行值班人员报告当值调度员，方能使用解锁工具（钥匙）。

（4）解锁工具（钥匙）使用后应及时封存并做好记录。

严禁随意解锁操作

# 四、倒闸操作基本步骤

倒闸操作基本步骤，简称“八步”，明确了倒闸操作的八个步骤。

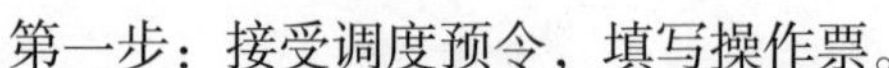

第一步：接受调度预令，填写操作票。

第二步：审核操作票正确。

第三步：明确操作目的，做好危险点分析和预控。

第四步：接受调度正令，模拟预演。

第五步：核对设备命名和状态。

第六步：逐项唱票复诵操作并勾票。

第七步：向调度汇报操作结束及时间。

第八步：改正图板，签销操作票，复查评价。

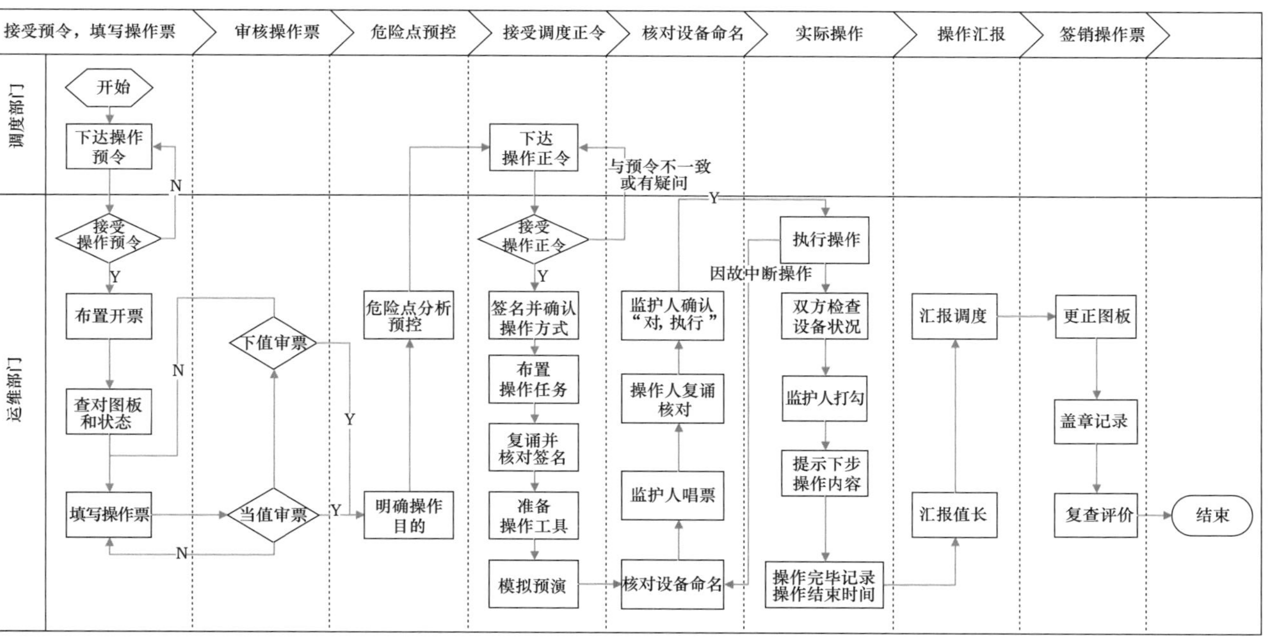


电气倒闸操作标准化作业流程

# 五、倒闸操作执行规范

## 第一步　接受调度预令，填写操作票

### 1. 接受操作预令

（1）接受调度指令，应由正值及以上岗位当班运维值班人员进行，接令时主动报出变电站站名和姓名，并问清发令人姓名，接受调度指令时，应做好录音。

格式：×× 变电站，×××。

（2）接令时应随听随记，接令完毕，应将记录的全部内容向发令人复诵一遍，并得到发令人认可。

格式：接受预令：①…………；②…………。

（3）了解操作目的和预定操作时间，即在《变电运维工作日志》中记录。

格式：×× 时 ×× 分：××（调度）×××（调控人员）、预令：①…………；②…………；操作目的、预定操作时间。

（4）如果认为该指令不正确时，应向调控员报告，由调控员决定原调度指令是否执行。但当执行该项指令将威胁人身、设备安全或直接造成停电事故时，应当拒绝执行，并将拒绝执行指令的理由，报告发令人和本单位领导。

接收调度预令

## 2. 布置开票

（1）接令后接令人向运维负责人汇报接令内容。

（2）审核预令正确后接令人或运维负责人向拟票人布置开票，交待必要的注意事项，拟票人也应复诵无误。

布置开票

## 3. 查对图板和状态

拟票人填票前应查对一次系统图，核对实际运行方式，参阅典型操作票。必要时还应查对设备实际状态、查阅相关图纸、资料和工作票安全措施要求等。

查对图板和状态

4. 填写操作票

（1）操作票原则上由副值或操作人填写。

（2）“操作任务”栏应根据调度指令内容填写。

（3）操作顺序应根据调度指令参照本站典型操作票的内容进行填写。

（4）操作票填写后，拟票人自行审核无误后在操作票上签名，并交付审核。拟票人在填写操作票时发现错误应及时作废操作票（作废操作票按《国家电网公司变电运维通用管理规定》执行），在操作票上签名，然后重新填写操作票。

填写操作票

## 第二步 审核操作票正确

（1）当值运行人员应逐级（按先正值、后值长的次序进行，值长不在或没有值长，正值审票即可）对操作票进行全面审核，对操作步骤进行逐项审核，是否达到操作目的，是否满足运行要求，确认无误后分别签名。

（2）审核时发现操作票有误即作废操作票，令拟票人重新填写操作票，然后再履行审票手续。

（3）交接班时，交班人员应将本值未执行操作票主动移交，并交待有关操作注意事项。接班人员应对上一值移交的操作票重新进行审核。对于上一值已审核并签名的操作票，下一值审核正确后由值长在“审核人”栏签名；如审核发现错误后作废操作票，应重新填写操作票并审核。

审核操作票

## 第三步 明确操作目的，做好危险点分析和预控

运维负责人向本值人员讲清楚本次操作的目的和预定操作时间，并组织查阅危险点预控资料，根据操作任务、操作内容、设备运行方式和工作票安全措施要求等，共同分析本次操作过程中可能遇到的危险点，提出针对性预控措施，填入操作票［备注］栏内。

明确操作目的，做好危险点分析和预控

## 第四步 接受调度正令，模拟预演

### 1. 接受操作正令

（1）调度操作正令应由正值及以上岗位当班运维值班人员接令，宜由最高岗位值班人员接令。接令时主动报出变电站站名和姓名，并问清发令人姓

名，接受调度指令时，应做好录音。

格式：×× 变电站，×××。

（2）接令时应随听随记，接令完毕，应将记录的全部内容向发令人复诵一遍，并得到发令人认可。

格式：接受正令：①……；②……。

（3）经调度认可，由调度发出："对，执行，发令时间 ×× 点 ×× 分"，即在《变电运维工作日志》中记录。

格式：×× 时 ×× 分 ××（调度）×××（调控人员）正令：①……；②……。

（4）接令人应核对正令与原发预令和运行方式是否一致，如有疑问，应向发令人询问清楚。

（5）运维人员应告知值班监控人员操作内容。

接收调度正令

## 2. 签名并确认操作方式

（1）接令人在操作票上填写发令人、接令人、发令时间并向值长汇报接令内容。

（2）接令人或值长在操作票［值班负责人］栏签名，并根据操作内容确认操作方式（监护下操作、单人操作、检修人员操作），并在操作票相应栏目前打“√”。

签名并确认操作方式

## 3. 布置操作任务

接令人或值长向监护人和操作人面对面布置操作任务，并交待操作过程中可能存在的危险点及控制措施。值长不在或没有值长，由接令人直接布置操作任务。布置操作任务采用口头方式。

格式：××（调度）有 ×× 个操作任务：①……；②……，现在开始操作。

布置操作任务

### 4. 复诵并核对签名

监护人（或操作人）复诵无误，接令人或值长发出“对，可以开始操作”命令后，监护人、操作人依次在操作票上［监护人］和［操作人］栏签名。

复诵核对并签名

### 5. 准备操作工具和安全工器具

根据操作内容，准备相应的安全、操作工具（如扳头、手柄、短路片、防误装置普通钥匙等操作工具；准备绝缘手套、绝缘靴、验电器、接地线、梯子等安全用具）。

准备操作工具和安全工器具

### 6. 模拟预演

（1）监护人逐项唱票，操作人逐项复诵后在模拟图（板）上操作，并检查所列项目的操作是否达到操作目的，核对操作正确。

（2）对微机五防传票可视作模拟预演，五防预演核对正确后传票。

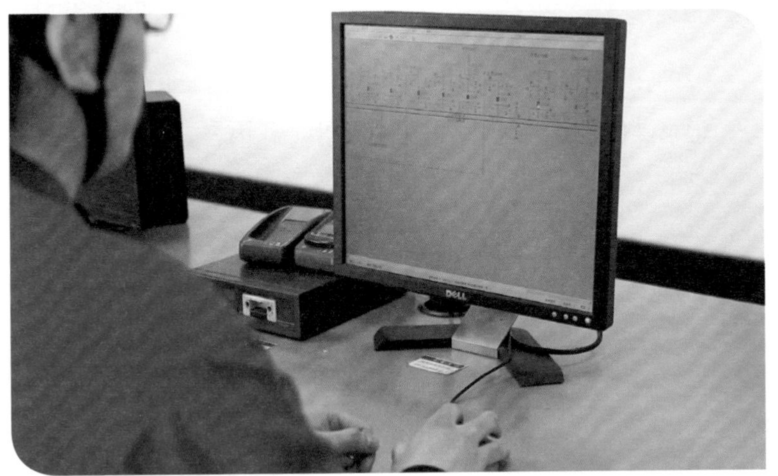


模拟预演

## 第五步 核对设备命名和状态

（1）监护人根据操作票上设备命名，取下操作钥匙，仔细核对钥匙上命名与操作票上设备命名相符。

核对设备命名和状态

（2）在第一步开始操作前，由监护人发出“开始操作”命令，记录操作开始时间，并提示第一步操作内容。

记录操作开始时间

（3）实际操作中，操作人走在前，监护人走在后，到需操作设备现场。

操作人走在前，监护人走在后

（4）操作人找到需操作设备命名牌，用手指该设备命名牌读唱设备命名。监护人随操作人读唱并核对该设备命名与操作票上设备命名相符后，发出“对”的确认信息。由监护人核对设备状态与操作要求相符，此时操作人应保持在原位不动。

操作人找到需操作设备命名牌，用手指该设备命名牌读唱设备命名

（5）监护人将该步操作钥匙交给操作人，操作人核对钥匙上命名与操作设备命名相符。

监护人将该步操作钥匙交给操作人

## 第六步 逐项唱票复诵操作并勾票

（1）监护人按操作票的顺序，高声唱票。操作人根据监护人唱票，手指操作设备高声复诵，对有选择性的操作应作模拟操作手势。

操作人根据复诵内容，作模拟操作手势

（2）监护人核对操作人复诵和模拟操作手势正确无误后，即发“对，执行”的指令，监护人将该步操作钥匙交给操作人，操作人核对钥匙上命名与操作设备命名相符后打开防误闭锁装置并进行操作。

操作人打开防误闭锁装置进行操作

（3）操作人、监护人共同检查操作设备状况，完全达到操作目的后，操作人及时恢复防误装置，监护人在该步操作项打“√”，并在原位置向操作人提示下步操作内容，再一起到下一步操作间隔（或设备）位置。

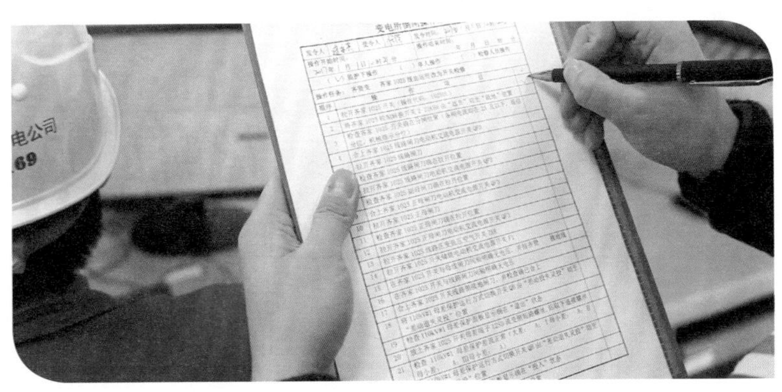

监护人在该步操作项打“√”

（4）该项任务全部操作完毕后，双方应核对遥信、遥测正常并与值班监控人员核对信息正常（如果使用电脑钥匙操作，应将钥匙内操作信息回传并核对正确），监护人在操作票上记录操作结束时间。

监护人在操作票上记录操作结束时间

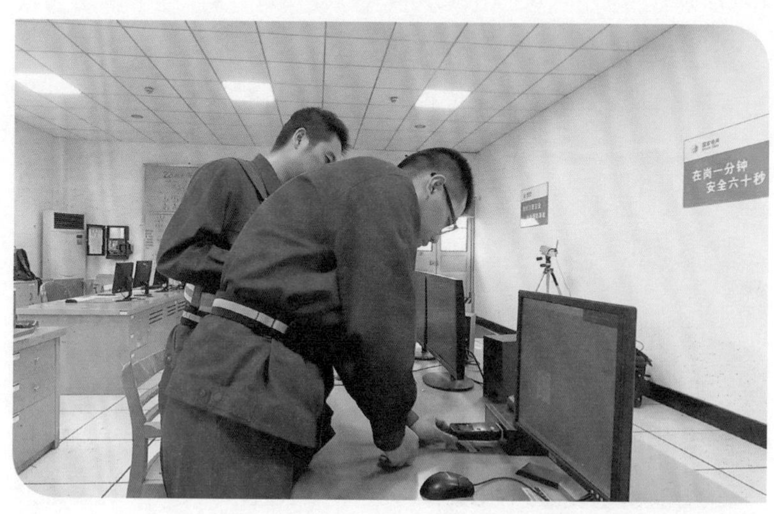


回传电脑钥匙

（5）因故中断操作后，继续操作时必须在现场重新核对本步的设备命名并唱票、复诵无误后，方可继续操作。

（6）操作中发生疑问或出现异常时，应立即停止操作并向发令人报告，查明原因并采取措施，待发令人再行许可后方可继续操作。

（7）操作中防误闭锁装置失灵或操作异常时应按规定办理解锁手续，不准擅自更改操作票，不准随意解除闭锁装置。

## 第七步 向调度汇报操作结束及时间

### 1. 汇报值长

（1）操作完成后监护人向值长汇报操作情况及结束时间，并将操作票交给值长。

格式：×× 时 ×× 分，……操作完毕，情况正常，……。

（2）值长检查操作票已正确执行。

值班负责人检查操作票已正确执行

## 2. 汇报调度

（1）汇报调度应由正值及以上岗位运维人员进行，原则上由原接正令人员向调度汇报。汇报时主动报出变电站站名和汇报人姓名并录音，并询问对方姓名。

格式：×× 变电站，×××。

（2）汇报人向当值调度逐一汇报操作任务。

格式：操作汇报，操作任务 1. ……，2. ……，已操作完毕，时间：×× 点 ×× 分。

（3）汇报人核对调控人员复诵无误，即记录《变电运维工作日志》。

格式：×× 时 ×× 分，上述任务操作完毕，汇报 ×× 调度 ××× 调控人员。

汇报调度

## 第八步 改正图板，签销操作票，复查评价

### 1. 改正图板

操作人改正图板或核对一次系统图，监护人监视并核查。

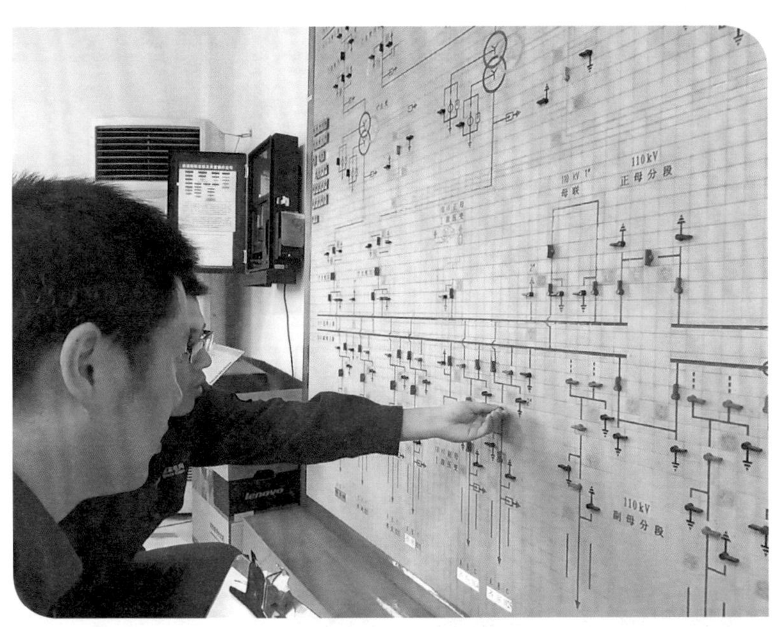


改正图板

### 2. 盖章和记录

（1）全部任务操作完毕后，由监护人在操作票规定位置盖“已执行”章，并记录《倒闸操作记录》等相关内容。

（2）将指令牌、钥匙、操作工具和安全工器具等放回原处。

盖章和记录

### 3. 复查评价

全部操作完毕后，值长宜检查设备操作全部正确，对整个操作过程进行评价，及时分析操作中存在的问题，提出今后改进要求。

复查评价

# 六、典型设备倒闸操作规范

## （一）开关操作

### 1. 控制屏（盘）控制开关操作

（1）双方一起来到需操作开关控制屏（盘）前。

（2）监护人提示需操作开关，操作人找到需操作开关控制开关操作手柄，手指并读唱设备命名。

（3）监护人核对设备命名相符后，发出“对”的确认信息。

（4）监护人核对开关操作钥匙正确后交给操作人，操作人再次核对正确无误。

（5）操作人将操作钥匙放入开关控制开关操作手柄内。

（6）监护人唱票，操作人手指并复诵。

（7）操作人做一个旋转开关操作手柄的模拟手势。

（8）监护人发出“对，执行”命令。

（9）操作人正确转动开关操作手柄。操作人右手夹住开关操作手柄后，应注意看表计和红绿灯指示等，保证操作到位。

（10）双方核对灯光信号和表计指示正确。

（11）操作人取出开关控制开关操作手柄内的操作钥匙，交还监护人。

（12）监护人在操作票上打勾。

（13）监护人提示下一步操作内容。

### 2. 就地测控（保护）屏操作

（1）双方来到需操作开关所属测控（保护）屏前，核对屏名正确后操作人打开屏门。

（2）监护人提示需操作开关，操作人找到需操作的测控装置，手指并读唱设备命名。

（3）监护人核对设备命名相符后，发出“对”的确认信息。

（4）操作人进入相应的操作界面，输入用户名、口令等（操作界面跟厂家的系统配置有关，可根据画面提示进行）。

（5）双方核对开关命名、状态、操作提示等正确无误。

（6）监护人唱票，操作人手指并复诵。

（7）监护人发出“对，执行”命令。

（8）操作人根据操作界面要求进行操作。

（9）双方核对操作后测控提示信息、开关变位、潮流变化等正确无误。

（10）双方核对保护屏、后台监控机上有关开关操作信息正确无误。

（11）监护人在操作票上打勾。

（12）操作人关好屏门。

（13）监护人提示下一步操作内容。

### 3. 后台监控操作

（1）双方来到监控机前，监护人提示，操作人打开（或进入）需操作开关的接线界面。

（2）监护人提示需操作开关，操作人将鼠标置于需操作开关图标上，手指并读唱设备命名。

（3）监护人核对设备命名相符后，发出“对”的确认信息。

就地测控（保护）屏操作

（4）操作人单击开关图标打开操作界面，双方分别输入用户名、口令，操作人输入开关命名。

（5）操作界面跟厂家的系统配置有关，可根据画面提示进行。

（6）双方核对开关命名、状态、操作提示等正确无误。

（7）监护人唱票，操作人手指并复诵。

（8）监护人发出“对，执行”命令。

（9）操作人按下鼠标进行正式操作。

（10）双方核对监控机上操作后提示信息、开关变位、潮流变化等正确无误。

（11）双方核对保护、测控屏上有关开关操作信息正确无误。

（12）监护人在操作票上打勾。

（13）监护人提示下一步操作内容。

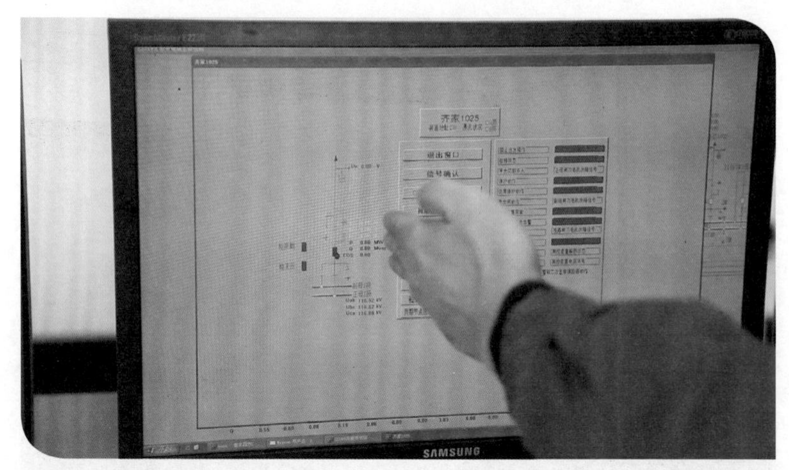

后台监控操作

## （二）闸刀操作

### 1. 电动操作

（1）双方来到需操作闸刀所属控制箱（机构箱）前，核对箱名正确无误。

（2）监护人核对箱门钥匙正确后交给操作人，操作人再次核对后打开箱门。

（3）操作人找到需操作闸刀操作按钮，手指并读唱设备命名。

（4）监护人核对设备命名相符后，发出“对”的确认信息。

（5）监护人唱票、操作人手指并复诵。

（6）操作人做一个按下按钮的模拟手势。

（7）监护人发出“对，执行”命令。

（8）操作人按下按钮进行实际操作。操作人按下“分闸”或

"合闸"按钮进行实际操作时，同时尽快找到对应"停止"按钮，并注视被操作闸刀。

（9）监护人远视操作无异常后，在操作票上打勾。

（10）操作人关好箱门，并将钥匙交还监护人。

（11）监护人提示下一步操作内容。

闸刀电动操作

2. 手动操作

（1）双方来到需操作闸刀命名牌前。

（2）操作人手指并读唱设备命名。

（3）监护人核对设备命名相符后，发出"对"的确认信息。

（4）监护人唱票，操作人手指并复诵。拉合闸刀和检查项目应一次性唱票和复诵。

（5）操作人做一个操作闸刀的模拟手势。

（6）监护人发出"对，执行"命令。

（7）监护人核对闸刀钥匙正确后交给操作人，操作人再次核对后打开防误闭锁装置。

（8）操作人进行实际操作。操作人戴好绝缘手套，插好操作杆后，抬头朝上注视闸刀触头，然后进行实际操作，此时监护人也应抬头朝上注视闸刀分合闸情况。

（9）双方一起对闸刀进行逐相检查，检查三相确已操作到位。

（10）操作人恢复防误闭锁装置，并将钥匙交还监护人。

（11）监护人检查操作无异常后，在操作票上打勾。

（12）监护人提示下一步操作内容。

闸刀手动操作

3. 后台监控操作

（1）双方来到监控机前，监护人提示，操作人打开（或进入）需操作闸刀的接线界面。

（2）操作人将鼠标置于需操作闸刀图标上，手指并读唱设备命名。

（3）监护人核对设备命名相符后，发出“对”的确认信息。

（4）操作人单击闸刀图标打开操作界面，双方分别输入用户名、口令，操作人输入闸刀命名（操作界面跟厂家的系统配置有关，可根据画面提示进行）。

（5）双方核对闸刀命名、状态、操作提示等正确无误。

（6）监护人唱票，操作人手指并复诵。

（7）监护人发出“对，执行”命令。

（8）操作人按下鼠标进行正式操作。

（9）双方核对监控机上操作后提示信息、闸刀变位等正确无误。

（10）监护人在操作票上打勾。

（11）监护人提示下一步操作内容。

闸刀后台监控操作

## （三） 开关、闸刀位置检查

（1）双方来到需检查开关命名牌前，操作人手指并读唱设备命名。

（2）监护人核对设备命名相符后，发出“对”的确认信息。

（3）监护人唱票，操作人手指并复诵。

（4）监护人发出“对，执行”命令。

（5）双方一起到开关位置指示器处，检查三相确已操作到位，防误装置正常。

（6）监护人在操作票上打勾。

（7）监护人提示下一步操作内容。

开关位置检查

## （四）直接验电操作

（1）双方来到带电部位，监护人负责监护，操作人试验验电器完好。当无法在有电设备上进行试验时可用高压发生器等确证验电器良好。一个操作任务中有两处及以上验电接地时，第二次开始可不再试验验电笔。

（2）双方来到需接地处，操作人找到悬挂接地线的合适验电位置，手指并读唱验电位置。

（3）监护人核对验电位置相符后，发出“对”的确认信息。

（4）操作人准备梯子和安全用具。指现场准备梯子和安全用具时，监护人应保持原位不动。

（5）监护人唱票，操作人手指并复诵。

（6）监护人发出“对，执行”命令。

（7）操作人在指定验电位置各相验电。

（8）监护人在操作票上打勾。

（9）监护人提示下一步操作内容。

设备验电

## （五）间接验电操作（GIS、HGIS 等设备）

（1）运行中 GIS、HGIS 设备（带电时）开始操作时，双方来到需接地设备所连带电显示器前，操作人手指并读唱带电显示器命名。

（2）监护人核对设备命名相符后，发出“对”的确认信息。

（3）监护人唱票，操作人手指并复诵。

（4）监护人发出“对，执行”命令。

（5）操作人检查带电显示器显示有电，监护人确认带电显示器指示正常，工作良好。

（6）监护人在操作票上打勾。

（7）监护人提示下一步操作内容。

（8）GIS、HGIS 设备停电后，双方来到需接地处，操作人找到需接地设备所连带电显示器，操作人手指并读唱带电显示器命名。

（9）监护人核对设备命名相符后，发出“对”的确认信息。

（10）监护人唱票，操作人手指并复诵。

（11）监护人发出“对，执行”命令。

（12）操作人检查带电显示器显示无电，监护人确认无误。

（13）监护人在操作票上打勾。

（14）监护人提示下步操作内容。

（15）双方来到监控机前，监护人提示，操作人打开（或进入）需接地设备的接线界面。

（16）操作人将鼠标置于需接地设备所连电压互感器二次电压指示处，手指并读唱该电压所指名称。

（17）监护人核对名称相符后，发出“对”的确认信息。

（18）操作人检查需接地设备所连电压互感器二次无压，监护人确认无误。

（19）监护人在操作票上打勾。

（20）监护人提示下一步操作内容。

（21）双方来到需接地设备所连避雷器泄漏电流表前，操作人手指并读唱泄漏电流表命名。

（22）监护人核对设备命名相符后，发出“对”的确认信息。

（23）监护人唱票，操作人手指并复诵。

（24）监护人发出“对，执行”命令。

（25）操作人检查泄漏电流表指示为零，监护人确认无误。

（26）监护人在操作票上打勾。

（27）监护人提示下一步操作内容。

说明：根据《安规》规定，对无法进行直接验电的设备，可以进行间接验电，判断时，至少应有两个非同样原理或非同源的指示发生对应变化，且所有这些确定的指示均已同时发生对应变化，才能确认该设备已无电。本处提供带电显示器、电压互感器二次电压、避雷器泄漏电流三种判断方法，可根据设备实际情况选用其中至少两种及以上。

## （六）接地线装拆

### 1. 装设接地线

（1）双方来到需装设接地线设备处，操作人找到悬挂接地线的指定接地桩头和导体端，手指并读唱装设位置。

（2）监护人核对装设位置相符后，发出“对”的确认信息。

（3）操作人准备梯子和安全用具（此时监护人应保持原位不动）。

（4）监护人唱票，操作人手指并复诵。

（5）监护人发出“对，执行”命令，并将钥匙交给操作人。

（6）操作人打开接地端锁具，装设接地线接地端。

（7）操作人按照先近后远的次序逐相装设接地线导体端。

（8）操作人锁上接地端锁具，并将钥匙交还监护人。

（9）监护人检查接地线悬挂符合要求，在操作票中填入接地线编号并打勾。

（10）监护人提示下一步操作内容。

装设接地线

**2. 拆除接地线**

（1）双方来到需拆除接地线设备处，操作人找到需拆除的接地线，手指并读唱装设位置和接地线编号。

（2）监护人核对装设位置和接地线编号相符后，发出“对”的确认信息。

（3）操作人准备梯子和安全用具（此时监护人应保持原位不动）。

（4）监护人唱票，操作人手指并复诵。

（5）监护人发出“对，执行”命令，并将钥匙交给操作人。

（6）操作人打开接地端锁具。

（7）操作人按照先远后近的次序逐相拆除接地线。

（8）操作人拆除接地线接地端。

（9）操作人锁上接地端锁具，并将钥匙交还监护人。

（10）监护人检查接地线拆除符合要求后，在操作票上打勾。

（11）监护人提示下一步操作内容。

拆除接地线

## （七）熔断器操作

### 1. 高压熔断器操作

（1）双方来到需操作设备处，操作人找到需操作熔断器，手指并读唱设备命名。

（2）监护人核对设备命名相符后，发出“对”的确认信息。

（3）操作人准备好防护用具。装卸高压熔断器，操作人应戴护目镜和绝缘手套，必要时使用绝缘夹钳，并站在绝缘垫或绝缘台上。

（4）监护人唱票，操作人手指并复诵。

（5）操作人做一个操作熔断器的模拟手势。

（6）监护人发出“对，执行”命令。

（7）操作人按操作要领操作熔断器。高压熔断器放上前应检查熔断电流与实际使用要求相符，并测量熔断器完好。

（8）监护人检查操作正确后，在操作票上打勾。

（9）监护人提示下一步操作内容。

高压熔断器操作

2. 低压熔丝操作

（1）双方来到需操作熔丝设备处。

（2）操作人找到所需操作熔丝，手指并读唱设备命名（低压熔丝放上前应检查熔断电流与标签相符，并检查熔丝完好）。

（3）监护人核对设备命名相符后，发出“对”的确认信息。

（4）监护人唱票，操作人复诵。

（5）操作人做一个操作熔丝的模拟手势。

（6）监护人发出“对，执行”命令。

（7）操作人按规范操作熔丝（取下直流控制熔丝应先取正极，后取负极，放上时相反）。

（8）监护人检查操作正确后，在操作票上打勾。

（9）监护人提示下一步操作内容。

低压熔丝操作

## （八）开关手车操作

### 1. 热备用改冷备用

（1）双方来到需操作手车开关柜前。

（2）操作人手指柜门上命名牌并读唱设备命名。

（3）监护人核对设备命名相符后，发出“对”的确认信息。

（4）监护人核对钥匙正确后交给操作人，操作人再次核对后打开手车摇孔防误锁。

（5）监护人唱票，操作人复诵。

（6）操作人做一个摇出手车的模拟手势。

（7）监护人发出“对，执行”命令。

（8）操作人将手车摇至“冷备用”位置，并检查确已到位。

（9）操作人将手车摇孔防误锁复位上锁，并将钥匙交还监护人。

（10）监护人检查手车开关操作到位后，在操作票上打勾。

（11）监护人提示下一步操作内容。

↑热备用改冷备用

## 2. 冷备用改热备用

（1）双方来到需操作手车开关柜前，核对柜门上命名正确。

（2）操作人手指手车上命名牌读唱设备命名。

（3）监护人核对设备命名相符后，发出“对”的确认信息。

（4）监护人唱票，操作人复诵。

（5）操作人做一个推入手车的模拟手势。

（6）监护人发出“对，执行”命令。

（7）操作人将手车推至“热备用”位置（在操作前应先检查断路器确在分闸位置）。

（8）双方检查手车触头接触良好。

（9）监护人将钥匙交给操作人，操作人将柜门关闭上锁后，将钥匙交还监护人。

（10）监护人检查柜门已关好后，在操作票上打勾。

（11）监护人提示下一步操作内容。

↑ 冷备用改热备用

冷备用改热备用（续）

### 3. 冷备用改开关检修

（1）双方来到需操作手车开关柜前。

（2）操作人手指柜门上命名牌并读唱设备命名。

（3）监护人核对设备命名相符后，发出“对”的确认信息。

（4）监护人核对钥匙正确后交给操作人，操作人再次核对后打开柜门。

（5）监护人唱票，操作人复诵。

（6）操作人做一个拉出手车的模拟手势。

（7）监护人发出“对，执行”命令。

（8）操作人将转运小车推至开关柜门前，调整高度并固定好。

（9）操作人取下控制电缆插头，将手车拉至转运小车上，并固定。

（10）操作人将柜门关闭上锁，并将钥匙交给监护人。

（11）监护人检查柜门已关好后，在操作票上打勾。

（12）监护人提示下步操作内容。

冷备用改开关检修

冷备用改开关检修（续）

4. 开关检修改冷备用

（1）操作人找到并将需操作的手车开关就位，双方核对手车上命名正确。

（2）双方来到需操作手车开关柜前，操作人手指柜门上命名牌读唱设备命名。

（3）监护人核对设备命名相符后，发出“对”的确认信息。

（4）监护人唱票，操作人手指并复诵。

（5）操作人做一个推入手车的模拟手势。

（6）监护人发出“对，执行”命令。

（7）监护人核对钥匙正确后交给操作人，操作人再次核对后打开柜门。

（8）操作人将转运小车推至开关柜门前，调整高度并将转运小车固定好。

（9）操作人将手车开关推至“冷备用”位置，并定位，放上控制电缆插头。

（10）操作人将柜门关闭上锁，并将钥匙交给监护人。

（11）监护人检查手车开关正确就位后，在操作票上打勾。

（12）监护人提示下一步操作内容。

开关检修改冷备用

开关检修改冷备用（续）

## （九）二次设备操作

### 1. 电流切换端子操作

（1）双方来到需操作电流切换端子所属端子箱前，核对箱名正确无误。电流切换端子可能在端子箱内，也有可能在保护屏内，视设备而定。

（2）监护人核对箱门钥匙正确后交给操作人，操作人再次核对后打开箱门。

（3）操作人找到需操作电流切换端子，手指并读唱设备命名。

（4）监护人核对设备命名相符后，发出“对”的确认信息。

（5）监护人唱票，操作人手指并复诵。

（6）操作人做一个切换端子的模拟手势。

（7）监护人发出“对，执行”命令。

（8）操作人切换电流端子。

（9）监护人检查端子切换符合要求后，在操作票上打勾。

（10）操作人关好端子箱门，上锁，并将钥匙交还监护人。

（11）监护人提示下一步操作内容。

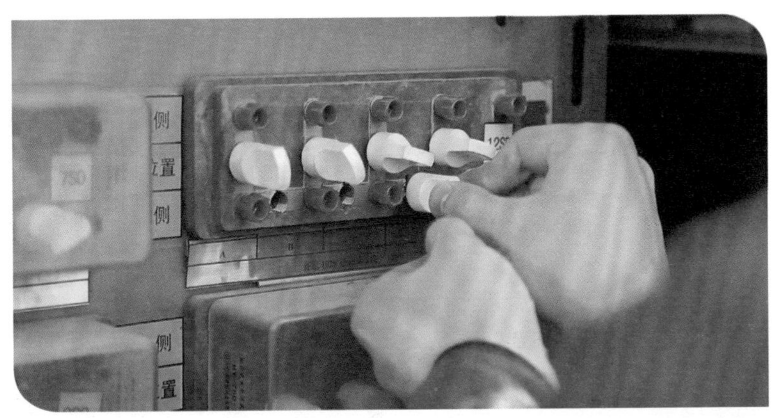

电流切换端子操作

2. 压板操作

（1）双方来到需操作压板所属保护屏前，核对屏名正确无误。

（2）监护人核对屏门钥匙正确后交给操作人，操作人再次核对后打开屏门。

（3）操作人找到需操作压板手指并读唱设备命名。

（4）监护人核对设备命名相符后，发出“对”的确认信息。

（5）监护人唱票，操作人手指并复诵。

（6）操作人做一个压板取放的模拟手势。对于跳闸出口压板，应测量两端无压后方可放上。

（7）监护人发出“对，执行”命令。

（8）操作人操作压板。

（9）监护人检查压板位置正确无误。

（10）双方检查各类变位信息正常。

（11）监护人在操作票上打勾。

（12）操作人关好端子屏门，上锁，并将钥匙交还监护人。

（13）监护人提示下一步操作内容。

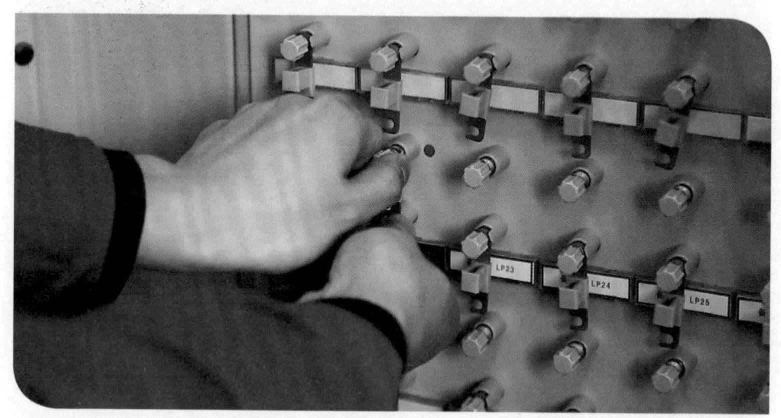


压板操作

### 3. 微机保护定值更改操作

（1）双方来到需更改定值保护屏前，核对屏名正确无误。必要时监护人应手拿定值单，便于核对。

（2）监护人核对屏门钥匙正确后交给操作人，操作人再次核对后打开屏门。

（3）操作人找到需更改定值的保护装置，手指并读唱设备命名。

（4）监护人核对设备命名相符后，发出“对”的确认信息。

（5）操作人打开保护装置外罩或箱门。

（6）监护人唱票，操作人手指并复诵。

（7）监护人发出“对，执行”命令。

（8）操作人按规范进行定值修改。

（9）监护人核对定值。必要时应打印定值单进行核对。

（10）监护人在操作票上打勾。

（11）操作人恢复装置外罩或关好箱门和保护屏门，上锁，并将钥匙交还监护人。

（12）监护人提示下一步操作内容。

微机保护定值更改操作

4. 继电器定值更改操作

（1）双方来到需更改定值继电器屏前，核对屏名正确。

（2）操作人找到需更改定值的继电器，手指并读唱设备命名。

（3）监护人核对设备命名相符后，发出“对”的确认信息。

（4）操作人打开继电器外罩。

（5）监护人唱票，操作人手指并复诵。

（6）监护人发出“对，执行”命令。

（7）操作人按规范进行定值修改。

（8）监护人核对定值更改正确无误。

（9）监护人在操作票上打勾。

（10）操作人装好继电器外罩。

（11）监护人提示下一步操作内容。

继电器定值更改

## （十）智能变电站后台监控系统

### 1. 定值区切换操作

（1）双方来到监控机前，监护人提示，操作人打开（或进入）需操作保护定值区的界面（必要时监护人应手拿定值单，便于核对）。

（2）监护人提示，操作人将鼠标置于需操作保护装置的图标上，手指并读唱设备命名。

（3）监护人核对设备命名相符后，发出“对”的确认信息。

（4）操作人单击需更改定值的保护装置的图标打开操作界面，双方分别输入用户名、口令（操作界面跟厂家的系统配置有关，可根据画面提示进行）。

（5）双方核对设备命名、状态、操作提示等正确无误。

（6）监护人唱票，操作人手指并复诵。

（7）监护人发出“对，执行”命令。

（8）操作人按规范进行定值区切换操作。

（9）监护人核对定值，必要时应打印定值单进行核对 。

（10）监护人在操作票上打勾。

（11）监护人提示下一步操作内容。

定值区切换

2. 软压板操作

（1）双方来到监控机前，监护人提示，操作人打开（或进入）需操作软压板的界面（保护分图）。

（2）监护人提示，操作人将鼠标置于需操作压板的图标上，手指并读唱设备命名。

（3）监护人核对设备命名相符后，发出“对”的确认信息。

（4）操作人单击需操作软压板的图标打开操作界面，双方分别输入用户名、口令（操作界面跟厂家的系统配置有关，可根据画面提示进行）。

（5）双方核对设备命名、状态、操作提示等正确无误。

（6）监护人唱票，操作人复诵。

（7）监护人发出“对，执行”命令。

（8）操作人操作软压板。

（9）监护人检查软压板位置正确。

（10）双方检查监控机上各类变位信息正常。

（11）双方来到软压板对应装置前，共同检查装置内压板投退位置正确无误。

（12）监护人在操作票上打勾。

（13）监护人提示下一步操作内容。

压板操作

### 3. 程序化操作

（1）双方来到监控机前，监护人提示，操作人打开（或进入）程序化操作的界面。

（2）监护人提示，操作人将鼠标置于程序化操作任务，手指并读唱程序化操作任务。

（3）监护人核对与实际操作任务相符后，发出“对”的确认信息。

（4）操作人单击需操作的程序化操作任务打开操作界面，双方分别输入用户名、口令（操作界面跟厂家的系统配置有关，可根据画面提示进行）。

（5）双方核对设备命名、状态、操作提示等正确无误。

（6）监护人唱票，操作人手指并复诵。

（7）监护人发出“对，执行”命令。

（8）操作人按照程序化操作步骤按下鼠标进行正式操作。

（9）双方检查各类变位信息正常。

（10）监护人在操作票上打勾。

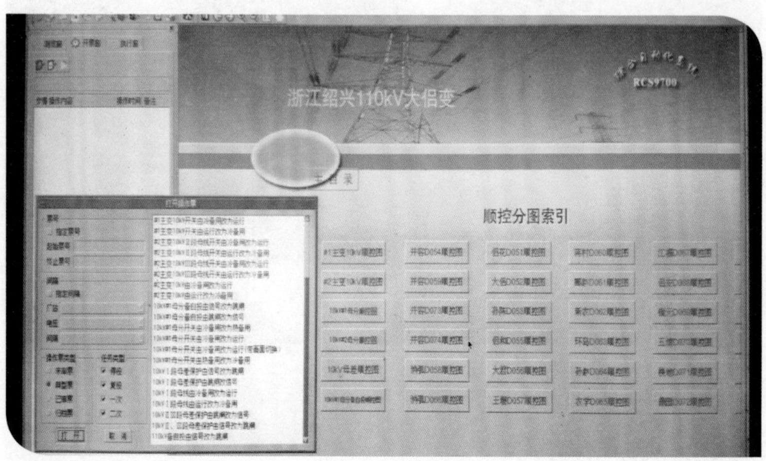


程序化操作

# 七、倒闸操作票填写规范

## （一）操作票中必须填写内容

（1）应拉合的设备（开关、闸刀、接地闸刀等），验电，装拆接地线，合上（安装）或断开（拆除）控制回路或电压互感器回路的空气开关、熔断器，切换保护回路和自动化装置及检验是否确无电压等。

（2）拉合设备（开关、闸刀、接地闸刀等）后检查设备的位置。

（3）进行停、送电操作时，在拉合闸刀、手车式开关拉出、推入前，检查开关确在分闸位置。

（4）倒负荷或并、解列操作（包括变压器并、解列，旁路开关带路操作时并、解列等），检查负荷分配（检查三相电流平衡），并记录实际电流值；母线电压互感器送电后，检查母线电压表指示正确。

（5）设备检修后合闸送电前，检查送电范围内接地闸刀（装置）已拉开，接地线已拆除。

| 操作任务 | 110kV 桥开关由开关检修改为运行（见备注） |
|---|---|
| 顺序 | 操　作　内　容 |
| 1 | 检查110kVBZT确在信号状态 |
| 2 | 合上110kV桥开关控制电源开关5ZKK |
| 3 | 合上110kV桥开关间隔储能、电动机直流电源开关J11 |
| 4 | 将 110kV 桥开关间隔控制转换开关 H16 由“远方”切至“就地”位置 |
| 5 | 拉开 110kV 桥开关 I 段母线侧接地闸刀 |
| 6 | 检查 110kV 桥开关 I 段母线侧接地闸刀确在拉开位置（遥信分位、机械指示分位） |
| 7 | 拉开 110kV 桥开关 II 段母线侧接地闸刀 |
| 8 | 检查 110kV 桥开关 II 段母线侧接地闸刀确在拉开位置（遥信分位、机械指示分位） |
| 9 | 将 110kV 桥开关间隔控制转换开关 H16 由“就地”切至“远方”位置 |
| 10 | 检查110kV桥开关确在分闸位置(各相电流均在2A及以下，遥信分位，绿灯亮、红灯灭，机械指示分位) |
| 11 | 合上 110kV 桥开关#1 闸刀(遥控编号：110kV 桥开关#1 闸刀) |
| 12 | 检查 110kV 桥开关#1 闸刀确在合上位置（遥信合位、机械指示合位） |
| 13 | 合上 110kV 桥开关#2 闸刀(遥控编号：110kV 桥开关#2 闸刀) |
| 14 | 检查 110kV 桥开关#2 闸刀确在合上位置（遥信合位、机械指示合位） |
| 15 | 放上#1主变非电量保护跳110kV桥开关压板11LP |
| 16 | 放上#1主变110kV复压过流 I 段跳110kV桥开关压板16LP |
| 17 | 放上#1主变110kV复压过流 II 段、零序 II 段跳110kV桥开关压板30LP |
| 18 | 检查#1主变110kV零流 I 段、零压 I 段跳110kV桥开关压板22LP确在取下位置 |
| 19 | 取下#1主变差动保护跳岩双1412开关压板1LP |
| 20 | 取下#1主变差动保护跳#1主变10kV开关压板3LP |
| 21 | 放上#1主变差动保护110kV桥开关电流端子2SD连接螺丝，后取下流变侧短路螺丝 |
| 22 | 放上#2主变非电量保护跳110kV桥开关压板11LP |
| 23 | 放上#2主变110kV复压过流 I 段跳110kV桥开关压板16LP |

典型操作票

## （二）具体操作步骤及术语

### 1. 拉合开关的操作和位置检查

开关的操作方式，可分为遥控操作和就地控制开关操作，不论采用何种方式操作，拉合开关和位置检查均要求各作为一项操作步骤。

对遥控操作，具有遥控编号的应注明遥控编号。

根据系统运行方式的不同，开关操作又可分为合环操作和非合环操作，对于合环操作，必须使用同期回路操作，操作后还应检查开关三相电流值不超过限额值。

（1）遥控操作

1）非合环操作

格式：拉开（或合上）×× 开关（遥控编号：××）

检查 ×× 开关确在分闸（或合闸）位置

2）合环操作

格式：合上 ×× 开关（遥控编号：××）

检查 ×× 开关三相电流正常（A：　B：　C：　）

检查 ×× 开关确在合闸位置

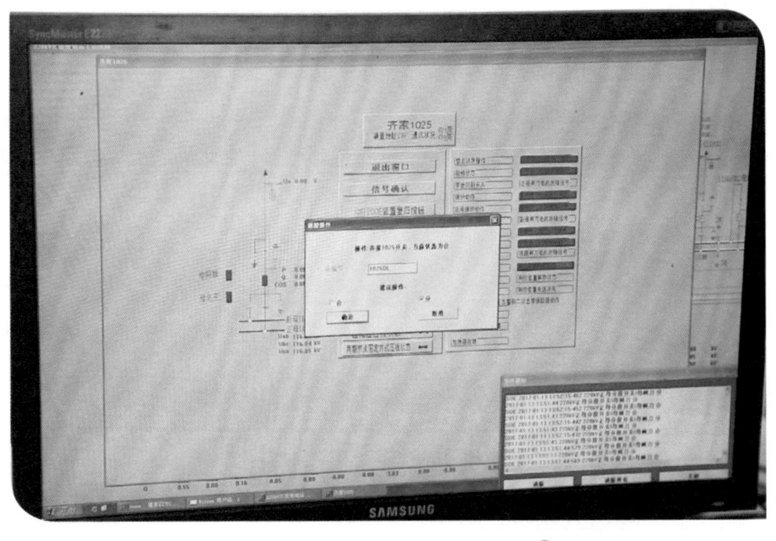


遥控操作——拉开开关

（2）就地控制开关操作

1）非合环操作

格式：拉开（或合上）×× 开关

检查 ×× 开关确在分闸（或合闸）位置

2）合环操作

格式：用同期按钮合上 ×× 开关

将 ×× 开关控制开关置于合闸后位置

检查 ×× 开关三相电流正常（A：　B：　C：　）

检查 ×× 开关确在合闸位置

就地 KK 操作

## 2. 闸刀的操作和位置检查

（1）就地操作闸刀：拉合闸刀和状态检查作为同一项操作步骤。

格式：拉开（或合上）×× 闸刀，并检查确已拉开（或合上）

就地闸刀操作

（2）远方操作闸刀（包括汇控柜远方操作和当地监控机上遥控操作）：拉合闸刀和状态检查各作为单独一项操作步骤。

1）汇控柜操作

格式：拉开（或合上）×× 闸刀

检查 ×× 闸刀确在拉开（或合上）位置

就地汇控柜操作

2）当地监控机上遥控操作

格式：拉开（或合上）×× 闸刀（遥控编号：××）

检查 ×× 闸刀确在拉开（或合上）位置

当地监控机上遥控操作

3. 验电接地

（1）验电操作。

1）验电后悬挂接地线：验电和悬挂接地线作为同一项操作步骤。

格式：在 ×× 与 ×× 间验明确无电压，并挂 × 号接地线

变电所倒闸操作票

单位：运维检修部（检修分公司）　　　　编号：白塔变-2017-12-0012

| 发令人： | | 受令人： | | 发令时间： | |
|---|---|---|---|---|---|
| 操作开始时间： | | | 操作结束时间： | | |
| （ √ ）监护下操作　（ ）单人操作　（ ）检修人员操作 | | | | | |
| 白塔变：在35kV母分开关与独立触头间挂接地线一组 | | | | | |

| 顺序 | 操　作　项　目 | √ |
|---|---|---|
| 1 | 打开35kV母分独立触头柜后柜门 | √ |
| 2 | 在35kV母分开关与独立触头间验明确无电压，并挂白塔- 15 接地线 | √ |
| | | |
| | | |
| | | |

验电操作

2）验电后合上接地闸刀：验电和合上接地闸刀各作为单独一项操作步骤。

格式：在 ×× 与 ×× 间验明确无电压

合上 ×× 接地闸刀，并检查确已合上

变电所倒闸操作票

单位：运维检修部（检修分公司）　　　　编号：礼泉变-2017-12-0108

| 发令人： | | 受令人： | | 发令时间： | |
|---|---|---|---|---|---|
| 操作开始时间： | | | 操作结束时间： | | |
| （ √ ）监护下操作　（ ）单人操作　（ ）检修人员操作 | | | | | |
| 礼泉变：礼大1164线由冷备用改为线路检修（线路有人工作） | | | | | |

| 顺序 | 操　作　项　目 | √ |
|---|---|---|
| 1 | 检查礼大1164线确在冷备用状态 | √ |
| 2 | 合上礼大1164线路压变低压空气开关ZKK | √ |
| 3 | 在礼大1164线路闸刀线路侧验明确无电压 | √ |
| 4 | 合上礼大1164线路接地闸刀，并检查确已合上 | √ |
| 5 | 拉开礼大1164线路压变低压空气开关ZKK | √ |
| | | |
| | | |
| | | |

验电后合上接地闸刀

（2）验电术语。

1）在线路或母线上验电：仅指明线路侧或母线上验电即可。

格式：在 ×× 线路闸刀线路侧验明确无电压

在 ×× 母线上验明确无电压

2）除线路或母线外，其余设备验电均必须指明具体验电部位。

格式：在 ×× 与 ×× 间验明确无电压

变电所倒闸操作票

单位：运维检修部（检修分公司）　　编号：牌头变-2017-12-0072

| 发令人： | | 受令人： | | 发令时间： | |
|---|---|---|---|---|---|
| 操作开始时间： | | | 操作结束时间： | | |
| （ √ ）监护下操作　（ ）单人操作　（ ）检修人员操作 | | | | | |
| 牌头变：#1主变220kV由冷备用改为开关检修 | | | | | |

| 顺序 | 操　作　项　目 | √ |
|---|---|---|
| 1 | 检查#1主变220kV开关确在冷备用状态 | √ |
| 2 | 拉开#1主变220kV开关油泵电动机电源开关F1 | √ |
| 3 | 在#1主变220kV开关与母线闸刀间验明确无电压 | √ |
| 4 | 合上#1主变220kV开关母线侧接地闸刀，并检查确已合上 | √ |
| 5 | 将220kV第一套母差保护方式切换开关QB由“差动投失灵投”切至“差动退失灵退”位置 | √ |
| 6 | 检查220kV第一套母差保护面板显示确在“差动退失灵退”状态 | √ |
| 7 | 放上#1主变220kV开关第一套母差端子2SD流变侧短路螺丝，后取下连接螺丝 | √ |
| 8 | 检查220kV第一套母差保护差流正常（大差：　A；Ⅰ母小差：　A；Ⅱ母小差：　A） | √ |
| 9 | 将220kV第一套母差保护方式切换开关QB由“差动退失灵退”切至“差动投失灵投”位置 | √ |
| 10 | 检查220kV第一套母差保护面板显示确在“差动投失灵投”状态 | √ |

在线路或母线上验电

（3）拆除接地线。

1）线路或母线上接地线：单独作为一项操作步骤。

格式：拆除 ×× 线路闸刀线路侧 × 号接地线

拆除 ×× 母线上 × 号接地线

2）除线路或母线外接地线：单独作为一项操作步骤。

格式：拆除 ×× 与 ×× 间 × 号接地线

变电所倒闸操作票

单位：运维检修部（检修分公司）　　编号：白塔变-2017-12-0015

| 发令人: | 受令人: | 发令时间: |
|---|---|---|
| 操作开始时间: | | 操作结束时间: |
| （ √ ）监护下操作 （ ）单人操作 （ ）检修人员操作 | | |
| 白塔变：拆除#1主变35kV开关与主变闸刀间接地线一组 | | |

| 顺序 | 操　作　项　目 | √ |
|---|---|---|
| 1 | 拆除#1主变35kV独立流变与穿墙套管间白塔-15 接地线 | √ |
| | | |
| | | |
| | | |
| | | |
| | | |
| | | |

拆除接地线

### 4. 手车开关操作

（1）手车开关分为四个状态：运行、热备用、冷备用、检修。

其中运行、热备用对应于手车开关处于“工作”位置。

冷备用对应于手车开关处于“试验”或“隔离”位置。

（2）操作术语：将手车开关推入开关柜称为“推至”，

将手车开关拉出开关柜称为“拉至”。

将手车开关摇入或摇出开关柜称为“摇至”。

（3）对于推拉式手车，手车开关在冷备用、热备用和运行状态时必须合上定位勾，在运行和热备用状态时应检查触头接触情况。

格式：将 ×× 开关手车推至（运行、热备用、冷备用）位置，并合上定位勾

检查 ×× 开关手车外触头接触良好

（4）其他类型手车（如触头手车）可参照。

开关手车运行状态

开关手车热备用状态

开关手车冷备用状态

开关手车检修状态

### 5. 转换或切换开关操作

操作时应注明转换或切换开关起止位置。

格式：将 × × 开关控制转换开关由“遥控”切至“就地”位置

转换或切换开关操作

### 6. 旁路开关（或母分开关）代路操作

在旁路开关代路操作时，应及时抄录旁路开关电度表有关数据，而且单独作为一项操作步骤。

格式：抄录 ××kV 旁路开关电度数

抄旁路开关电量

### 7. 保护定值更改

（1）非微机型保护：直接注明所设定值或所代设备命名。

格式：将 ×× 保护 ×× 定值由 ×× 改为 ××

或将 ××kV 旁路 ×× 保护 ×× 定值改代 ×× 定值

（2）微机型保护：应注明定值区域

格式：将 ×× 保护 CPU 定值拔轮开关拨至 ×× 区，并核对定值区正确

保护定值更改

### 8. 电压互感器低压并列操作

（1）在合上压变低压并列开关后，应检查"××kV 电压互感器切换"光字牌亮，并单独作为一项操作步骤（如无此光字牌，即可省略）。

格式：检查"××kV 电压互感器切换"光字牌亮

（2）在拉开压变低压并列开关后（倒排操作除外），应检查相应母线二次电压正常，并单独作为一项操作步骤。

格式：检查 ×× 母线二次电压正常

电压互感器低压并列操作

**9. 压板两端电压测量**

同时具备下列四个条件时，压板在放上前必须测量压板两端确无电压（或合理电压）。

（1）所作用开关在运行状态。

（2）直接跳闸出口压板。

（3）保护工作或二次回路操作后复役。

（4）保护运行状态下压板两端应无电压（或合理电压）。

格式：测量 ×× 压板两端确无电压（或有 ×× 电压），并

放上测量 ×× 压板至“××”位置两端确无电压（或有 ×× 电压），并放上（实际操作时将实际电压测量值填入即可）。

测量压板两端电压

### 10. 差动回路操作

开关 TA 回路差动电流端子切换后，在停用差动保护后（取下总出口压板或退出总投入切换开关），均应测量（或检查）差动不平衡电流，抄录数据并与允许值相比较（如果平时测量有数值，但本次测量为零值时应怀疑该 TA 回路短路）。

格式：取下 ××kV 母差毫安表短接压板 1MP

测量 ××kV 母差不平衡电流不大于 ×× 值

检查 ××kV 母差保护差流正常（大差：××mA 或 A 或 $I_e$；I 母小差：××mA 或 A 或 $I_e$；II 母小差 ××mA 或 A 或 $I_e$）

说明：实际操作时将上述三类差流中最大相数值填入即可。

检查差动不平衡电流

## 11. 压板操作

压板操作时应注明压板起止位置。

格式：将 ×× 压板由“××”位置切至“××”位置

母差运行方式切换开关操作

### 12. 智能变电站软压板操作

为加强智能变电站软压板操作准确性，确保软压板确已操作到位，建议监控机操作后再检查装置中确已变位。

格式：退出 ×× 软压板（遥控名称：××），并检查后台及装置均在退出状态

投入 ×× 软压板（遥控名称：××），并检查后台及装置均在投入状态

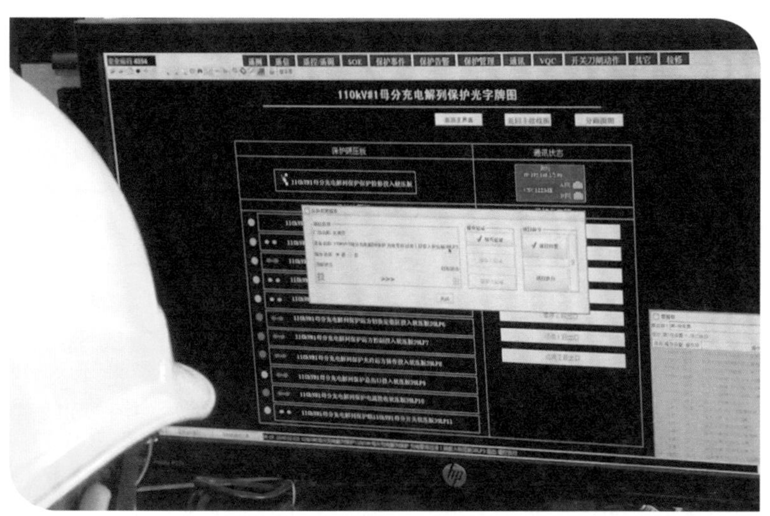


软压板操作

## （三）特殊操作要求

（1）倒排操作时，在合上另一母线闸刀前应检查运行母线闸刀在合上位置；双母接线的单间隔由检修（冷备用）改运行时，根据实际接线及复役情况，合母线闸刀应检查另一母线闸

刀在分闸位置；带旁母接线的，合线路（变压器）闸刀前应检查旁路（旁母）闸刀在分闸位置。以上各检查项均作为单独操作步骤。

（2）对于线路重合闸的操作，有闭锁压板或投入压板的，在闭锁压板取下或投入压板放上后应检查重合闸充电指示良好，再放上出口压板；只有出口压板的，则应在出口压板放上前检查重合闸充电指示良好（特殊装置无相应充电指示及充电指示特殊的除外），并作为单独操作步骤。

（3）对操作设备的保护联跳其他运行开关的压板［如主变保护跳母联（母分）开关、中性点另序解列有源线等］，原则上应在操作设备开关合上并测量对应压板正确后放上。对作用于操作设备开关的压板，均应在该开关合闸前放上。

（4）对一些装置，既有出口压板，又有投入压板的，停用该装置时，投入压板可不操作。

（5）对部分高频保护由停用改信号，请根据实际设备“检查××线×相结合滤波器接地闸刀确在断开位置”，并作为操作步骤单独进行。

（6）主变停、复役时开关两侧闸刀的先后操作顺序，一般应按“先拉负荷侧、后拉电源侧”的原则进行，对个别变电站受设备实际限制（如机械防误有联锁等）的，则根据实际设备决定先后操作顺序。

（7）对装设有两套保护的主变，当操作时切换电流端子需要停用差动保护时，应停一套，切一套，不采用先两套一起停用，再一一切换的方式。

（8）对操作中开关状态的检查。

1）由冷备用改为检修，按状态检查进行操作，如“检查××确在冷备用状态”。

2）由冷备用改为热备用（运行），应先单独一步“检查××确在冷备用状态”，再在合第一把闸刀或操作手车前，单独一步检查开关确在分闸位置。

（9）在母线停、复役操作中，该母线上所属间隔的状态检查，应严格按各级调度规程中关于“母线的几种状态”定义规范进行。定义中规定为间隔状态的，则按相关间隔的实际状态检查；定义中规定为闸刀的，则检查相关闸刀位置。检查的设备必须包含该母线上所有设备。如：

1）检查×号主变××确在冷备用（或检修）状态。

2）检查××kV×号所变确在冷备用（或检修）状态。

3）检查××××确在冷备用（或检修）状态。

4）检查××××正（副）母闸刀确在拉开位置。

（10）对倒排操作。

1）倒排操作时对母联开关状态的检查，统一为“检查××kV母联确在运行状态”且应先检查母联开关状态，后拉开母联开关控制电源开关。

2）倒排操作时压变二次回路并列，应采用低压并列开关进行并列。

3）倒排时各间隔的操作方式，除个别变电站上下层布置的母线允许采用连续倒排方式进行外，其他统一按单间隔倒排方式进行。

倒排操作

# 八、防误装置解锁规范

## （一）防误装置解锁类型

第一类：操作中装置故障解锁。

指在正常操作过程中，操作正确但防误闭锁装置（系统）故障需要进行的解锁操作（包括使用微机防误的人工置位授权密码）。

第二类：操作中非装置故障解锁。

指在非正常运行状态下或采用非正常操作顺序（程序），且防误闭锁装置（系统）无故障需要进行的解锁操作（包括使用微机防误的人工置位授权密码）。

第三类：配合检修解锁。

指在检修、验收工作过程中，配合检修工作需要进行的解锁。

智能防误解锁钥匙箱

第四类：运行维护解锁。

指防误闭锁装置、钥匙箱、机构箱、开关柜等检查、维护需要，但不进行实际操作的解锁。

第五类：紧急（事故）解锁。

指遇有危及人身、电网和设备安全等紧急情况需要进行的解锁。

## （二）防误装置解锁流程

### 1. 第一、二类解锁

第一、二类解锁，由值班负责人报告省检修分公司防误操作装置解锁批准人、地市公司检修分公司变电运维室副主任、县公司生产副总经理及以上领导，经领导指派的防误操作装置专责人到现场核对无误，确认需要解锁操作，签字同意，值班负责人报请领导批准并报告当值调控员后，做好相应的安全措施，方可进行解锁操作。

（1）在正常操作中，当出现防误装置及电气设备异常引起解锁时，操作人员应认真核对操作过程及查找异常发生的原因。

打不开机械锁

核对间隔名称、锁具名称、设备状态和逻辑条件

汇报并请求现场确认

（2）由值班负责人报告省检修分公司防误操作装置解锁批准

人、地市公司检修分公司变电运维室副主任、县公司生产副总经理及以上领导。

报告领导

（3）经领导指派的防误操作装置专责人到现场核对无误，确认需要解锁操作，签字同意。

防误操作装置专责人核对操作票

防误操作装置专责人现场核对

防误操作装置专责人向变电运维室副主任汇报并请求解锁

（4）值班负责人报请领导批准并报告当值调控员后，做好相应的安全措施，方可进行解锁操作。

实施解锁，并做好记录

2. 第三类解锁

由检修工作负责人现场确认无误后向工作许可人提出申请，并经站（班）长批准，做好相应的安全措施，方可进行解锁。工作结束，双方应确认解锁设备已恢复正常。

3. 第四类解锁

由维护工作负责人现场确认无误后向值班负责人提出申请，并经站（班）长批准，做好相应的安全措施，方可进行解锁，但不得进行任何形式的实际操作。维护工作结束，立即恢复正常。

4. 第五类解锁

经值班负责人或站（班）长批准，报告当值调度员后进行解锁操作，并及时向分管生产领导汇报。

说明：为有效防止误操作事故，严格规范防误装置解锁，在《安规》规定的基础要求上，根据国家电网公司《变电站管理规范》“解锁钥匙的使用应实行分级管理，严格履行审批程序”的要求，解锁流程中增加了“解锁批准”环节，在下图中分级明确了解锁批准人。

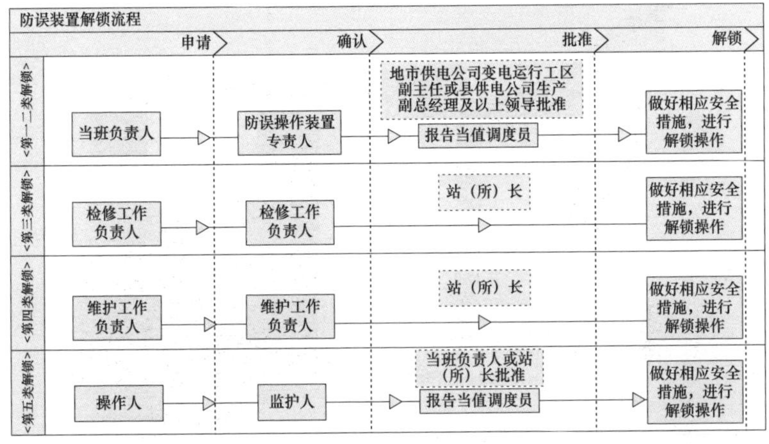


防误装置解锁流程

## （三）防误装置解锁智能化管理

目前，电力系统各种类型防误装置的解锁钥匙，同种类型的闭锁工具，其解锁钥匙通用，俗称“万能钥匙”，一把钥匙对应多把锁，实际使用中容易跑错间隔，或现场人员擅自、重复使用解锁钥匙，技术上又缺乏有效的措施，很难保证解锁的安全。

分析电力系统内发生的误操作事故，由于擅自使用解锁钥匙或在使用解锁时跑错间隔而产生的误操作事故占了较大比例。为解决这一长期困扰电力系统运行操作安全的难题，防误装置解锁智能化管理应运而生。

智能解锁

防误装置解锁智能化管理能针对目前变电站实际使用的各种类型防误装置（如电磁锁、机械挂锁、程序挂锁、微机防误锁等）实现“解锁对象选择、解锁钥匙存取及远方审批解锁控制，对电磁锁、微机防误锁、机械挂锁、程序挂锁实施一对一唯一性解锁和限时开放解锁”。解决电气设备操作中擅自动用解锁钥匙及防止解锁钥匙打开同类型锁具的重大技术难题，从而有效防止解锁钥匙使用不当引起的误操作事故，实行了解锁钥匙的科学管理，实现了防误装置解锁操作智能化。

如视频资料中所示，是一个用于电磁锁的解锁钥匙智能管理系统，该系统由主机、智能解锁钥匙伴侣、电磁锁解锁头（改良了的电磁锁解锁工具）三个主要部分组成。

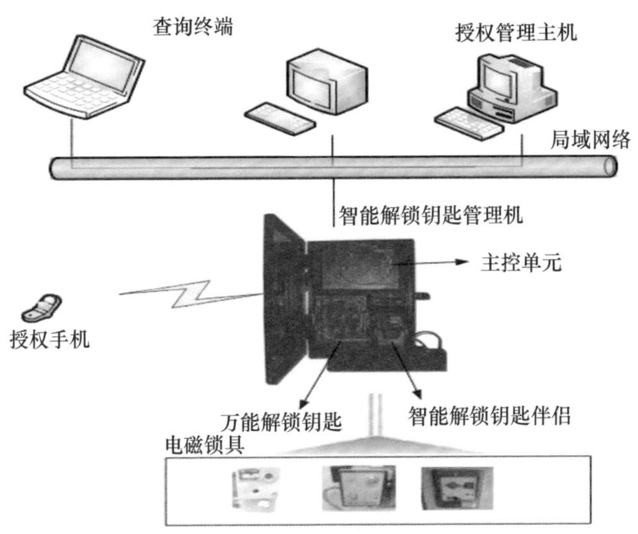

解锁钥匙智能管理系统

主机：用于解锁对象选择、解锁钥匙的存取及通信的控制；进入主界面后，解锁对象的选择有两种方式，一可以通过主接线界面选择对应的解锁对象，此接线图上反映了全站安装有电磁锁的设备及电磁锁的名称；此外还可以通过列表快速查找对应的解锁对象。

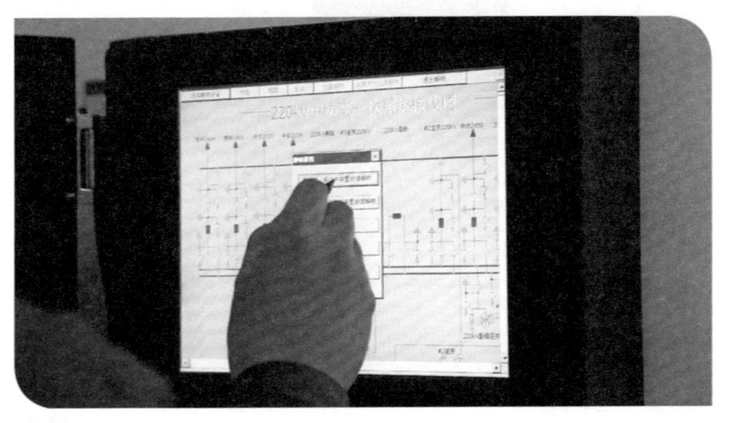
主界面

智能解锁钥匙伴侣：与主机连接后接受主机下达的解锁步骤，与经主机选择的电磁锁解锁头组合后根据解锁步骤选择相应设备并操作。

电磁锁解锁头：是根据原电磁锁解锁钥匙式样经过改良了的电磁锁解锁工具，通过主机控制选择使用。为保证紧急情况下快速解锁，主机内放置了几把紧急解锁钥匙，供紧急状况下砸破玻璃直接取用，以利于紧急情况下的快速处理。

智能钥匙伴侣及电磁解锁头